FORSCHUNGSBERICHTE DES LANDES NORDRHEIN-WESTFALEN

Nr. 2481

Herausgegeben im Auftrage des Ministerpräsidenten Heinz Kühn
vom Minister für Wissenschaft und Forschung Johannes Rau

Prof. Dr.-Ing. Dres. h.c. Hermann Schenck
Prof. Dr.-Ing. Werner Wenzel
Priv.-Doz. Dr.-Ing. Dipl.-Wirtsch.-Ing.
Heinrich Wilhelm Gudenau

Institut für Eisenhüttenkunde
der Rhein.-Westf. Techn. Hochschule Aachen

Grundlagen und Methoden zur Pelletierung schlecht pelletierbarer Erze

Springer Fachmedien Wiesbaden GmbH 1975

An der Durchführung dieser Arbeit waren die Herren Dr.-Ing. S. Izgiz, Dr.-Ing. W. Burchard, Dr.-Ing. Moeljono und Dipl.-Ing. W. Hauschild beteiligt. Herr Dr.-Ing. Izgiz führte maßgeblich die Untersuchungen im Gebiet der Grünpelletierung durch; Herr Dr. Ing. Burchard übernahm mit Herrn Dr.-Ing. Izgiz die Aufstellung der Formfaktoren in diesem Gebiet der primären Agglomeration. Die Brennversuche in der sekundären Agglomerationsstufe wurden von Herrn Dr.-Ing. Moeljono und Dip.-Ing. Hauschild betreut.

Die Rasterelektronen-Mikroskopaufnahmen wurden im Gemeinschaftslabor für Elektronenmikroskopie der RWTH Aachen aufgenommen.

Ursprünglich erschienen bei Westdeutscher Verlag GmbH, Opladen 1975
Gesamtherstellung: Westdeutscher Verlag

ISBN 978-3-531-02481-3 ISBN 978-3-663-19759-1 (eBook)
DOI 10.1007/978-3-663-19759-1

A. Einleitung

Die Roheisenerzeugung erreichte im Jahre 1969 407,5 Mill. to; dies bedeutet eine Steigerung in 1o Jahren von 84 % (1959: 221,2 Mill. to.). Die Rohstahlerzeugung stieg von 3o8,4 im gleichen Zeitraum auf 573,6 Mill. to [1].

Dieser Anstieg ist nur zum Teil auf die multiple oder mutative Vergrößerung, somit auf Hinzufügen gleichartiger oder Weiterentwicklung der Geräte der Roheisen- und Stahlerzeugungsanlagen zurückzuführen, eine bedeutende Rolle muß der Möllervorbereitung und Aufbereitung zugewiesen werden [2].

Heute werden im Hochofen nur noch 2o % Stückerze und diese klassiert auf ein enges Kornband eingesetzt; der übrige eisenhaltige Möller wird durch Sinterung (5o %) oder Pelletierung 3o % agglomeriert und damit physikalisch und chemisch für den Reduktionsprozeß verbessert [3].

Durch die Vor- und Aufbereitung des Eisenerzmöllers können in den Reduktionsgeräten höhere Leistungen erzielt werden. Es wird zur Verbesserung der physikalischen Möllerung des Hochofens angestrebt, ein Gleichkorn einzusetzen. Die einzusetzenden Erze werden heruntergebrochen bis kleiner 25 mm und danach abgesiebt, so daß die Körnung zwischen 8 und 25 mm (für Hämatiterze) liegt.

Aus dem zu feinen Erz und Abfallprodukten der Hüttenindustrie, die Eisen enthalten, wird zumeist Sinter hergestellt, der somit auch das Körnungsband des abgesiebten Erzes erreicht; als Sinterfeed wird üblicherweise die Korngröße von 0 - 1o mm verwandt, dabei soll jedoch 7o % größer o,o2 mm sein [4].

Liegt der Feinanteil zu hoch, dies trifft auch dann zu, wenn durch Anreicherung gangarthaltiger Erze hocheisenhaltige Konzentrate hergestellt werden, so können diese Ausgangsstoffe nur durch die Pelletierung zu Agglomeraten geformt werden, wenn man von neueren, noch nicht in die Großtechnik eingeführten Verfahrensvarianten, wie das Filtrierverfahren, absieht.

Als weiteres Agglomerierverfahren sei noch das Brikettieren erwähnt, das geschichtlich zuerst in der Eisenerzagglomeration angewandt wurde, jedoch heute von untergeordneter Bedeutung ist.

Bei der Agglomeration nach den drei genannten Verfahren können zwei Stufen unterschieden werden.
In der primären Agglomerationsstufe werden Formlinge, Preßlinge, Krümel oder Grünpellets gebildet, in der sekundären Agglomerationsstufe wird durch Schaffung von Kristallisationsbrücken oder Schlakkenbrücken die Härtung der Agglomerate herbeigeführt; die Festigkeitswerte z.B. von Pellets liegen im grünen Zustand bei 3-4 kg, Hochofenpellets sollen jedoch mindestens 15o kg pro Pellet Punktdruckfestigkeit erreichen. Beim Brikettieren kann die primäre und sekundäre Agglomerationsstufe z.B. beim Heißbrikettieren auch zusammen erfolgen.

Die so erzeugten Agglomerate nach der ersten, oder wenn nötig nachgeschalteten zweiten Agglomerationsstufe, können dann einem Reduktionsprozeß unterworfen werden.

Der Einfluß beim Einsatz verschiedener Erze zeigte sich sowohl in er ersten wie auch zweiten Agglomerationsstufe und beim Reduzieren. Da bisher nur natürliche Erze, vornehmlich Erze mit Gangartbestandteilen verhüttet wurden, und auch im Sinter ein großer Teil an Zuschlagstoffen zugegeben wird, wurde in den Untersuchungen bislang der Einfluß dieser Begleitbestandteile der Eisenoxyde verfolgt und gedeutet.

Beim Einsatz von Reicherzen und besonders beim Herstellen und Reduzieren von Konzentratagglomeraten zeigte es sich jedoch, daß neben den Gangartmineralien die durch die Entstehungsgeschichte erworbenen Eigenschaften der Erze eine große Rolle bei der Primär- und Sekundäragglomeration sowie bei den späteren Reduktionsprozessen spielen.

B. Aufgabenstellung und Abgrenzung der vorliegenden Arbeit

Im Rahmen dieser Arbeit sollten die Grundlagen geschaffen werden und Methoden diskutiert werden, die in den Materialeigenschaften gewisser Eisenerze steckenden Schwierigkeiten für den Pelletierprozeß zu überwinden.

Zunächst werden daher die Bindungsmöglichkeiten in der primären Agglomerationsstufe (d.h. Formung von Grünpellets) erörtert und in Versuchen festgestellt, welche Parameter die Festigkeit von Grünpellets beeinflussen, wenn Wassergehalt optimiert und mechanische Einflüsse beim Pelletieren, z.B. Drehzahl und Neigungswinkel konstant gehalten werden. Als Pelletiermaterial für die Grundlagenversuche wird chemisch hergestelltes Eisenoxyd ohne Verunreinigungen gewählt, als Versuchsmaterial verschiedenartige Reich- und Armerze.

Als Möglichkeit der Verbesserung der Festigkeit dieser Grünpellets werden dann Mischungen verschiedener Erze untersucht; hierbei sollten die Einflüsse der schlechtpelletierbaren Erze - wenn möglich - verdeckt werden. Als neue Methode wurde erprobt, Schalenpellets zu erzeugen: Hierzu wurden die sich unterschiedlich verhaltenden Erze nicht gemischt, sondern einzeln nacheinander aufpelletiert, z.B. auf zunächst geformte Kleinpellets aus bekanntlich schlecht pelletierbaren Erzen - die allein zu Pellets normaler Größe geformt nur geringe Festigkeitswerte erreichen - wurden Schalen aus gut pelletierbaren Erzen aufgebracht.

Im zweiten Teil der Arbeit werden die Grundlagen der Bindungsmechanismen beim Brennprozeß zusammengestellt und die Auswirkungen der Mischerzpellets und Schalenpellets diskutiert.

C. Bindungsmöglichkeiten in der primären Agglomerationsstufe

Im folgenden sollen die Bindungskräfte in der primären Agglomerationsstufe der Eisenerze diskutiert werden. Vergleichende Untersuchungen zwischen Briketts und Grünpellets führte Firth durch und stellte eine Theorie der Bindunskräfte 1944 vor [5]. Aus gleichen Ausgangsmaterialien bildete er Pellets und unternahm Brikettierungsversuche unter verschiedenen Drücken. Die Ausdeutung dieser Versuche lassen sich ohne Schwierigkeiten auf die rollierte Grünmischung der Sinterung übertragen.

Firth beobachtete, daß die im Pelletierteller zusammengeballten kugeligen Formlinge die gleiche wahre Dichte wie die zylindrischen

Preßlinge besaßen, die unter ca. 1400 kg/cm^2 hergestellt wurden. Daraus folgerte er, daß die Festigkeit der Grünpellets auf dem lokalen Druck beruht, der im Berührungspunkt eines kleinen Erzteilchens durch das abrollende Grünpellets hervorgerufen wird.

Tarjan [6) untersuchte die Bewegungskräfte weiter und erklärte diesen lokalen Druck durch den Beschleunigungsstoß, den das rollende Material beim Überrollen auf ein Pulverteilchen ausübt. Die Größe des Beschleunigungsstoßes P wird eingegeben zu:

$$P = m \cdot a = \frac{4 \pi}{3 \cdot g} \cdot \gamma \cdot R^2 \cdot v^2 \left(1 + \frac{1}{b}\right)$$

m = Masse des überrollenden Pellets g
a = gesamte Anfangsbeschleunigung für das Hochheben des Pelletschwerpunktes um den Durchmesser d des Körnchens auf dem Radius R + d

$\left[\frac{cm}{sec} \; 2\right]$

v = Fortbewegungsgeschwindigkeit des Pellets (cm/sec)
γ = spezifisches Gewicht des Pellets (g/cm^3)
g = Erdbeschleunigung (cm/sec^2)
$\frac{1}{b}$ = Auslenkwert, $b = \frac{R}{d}$
d = Durchmesser des Pulverteilchens (cm)
R = Radius des Pellets (cm)

Die Druckkraft k an der Berührungsstelle, mit der das Teilchen in den Kornverband hineingedrückt wird, beträgt

$$k = \frac{P}{F} = \frac{4 \pi}{3 \cdot g} \cdot \gamma \cdot v^2 \cdot \frac{b_1^{\;2}}{c} \cdot \left(1 + \frac{1}{b}\right)$$

Der Wert c hängt von der Gestalt bzw. der Lage des Teilchens auf der Oberfläche des rollierten Materials ab. Er ist für den Fall, daß das Teilchen eine kubische Form besitzt und $d = d_1$ ist, gleich eins. Daraus errechnet sich k zu:

$$k = \frac{4 \pi}{3 \cdot g} \cdot \gamma \cdot v^2 \cdot \frac{R}{d} \cdot \left(1 + \frac{1}{b}\right),$$

kubisches Teilchen: $b = b_1$

Entsprechend diesen Überlegungen werden die Grünpellets und rolliertes Material während des Abrollvorgangs durch die Beschleunigungskraft verdichtet und gleichzeitig zu regelmäßiger Kugelgestalt geformt.

Unter dem Einfluß größerer mechanischer Kraft können Agglomerate mit besseren mechanischen Eigenschaften hergestellt werden. Dieses wird durch die Änderung der einzelnen Einflußgrößen wie Drehzahl bzw. Umfangsgeschwindigkeit des Rolliergerätes, Durchmesser des Rolliergerätes, Neigung des Rolliergerätes, Verweilzeit des Gutes und Menge des Gutes, erzielt.

Die Drehzahl läßt sich nicht beliebig steigern, da oberhalb einer kritischen Drehzahl die Grünpellets oder das zu rollierende Material durch die Zentrifugalkraft den Teller verlassen oder in der Trommel ohne Abrollvorgang an die Wand gepreßt werden.

Beim Pelletierteller wird die maximale Drehzahl mit n kritisch = 42,3 . Sin ß . 1/D gegeben [7]; D = Durchmesser und ß = Neigungswinkel des Pelletiertellers. Diese maximale Drehzahl wird jedoch nicht erreicht und die übliche Drehzahl beträgt nach Papdakis und Bombled n ~ o,75 . n kritisch [8].

Für Granuliertrommeln wird die kritische Drehzahl aus der für die Mahlung in Kugelmühlen gültigen Gleichung berechnet: n kritisch = $\underline{30} \cdot \frac{2\,g}{D}$ wobei D = Durchmesser der Trommel und g Erdbeschleunigung bedeutet [6].

Die Untersuchungen von Papdakis und Bombled [8] über den Einfluß des Tellerdurchmessers auf die Porosität der hergestellten Pellets zeigen, daß mit der Vergrößerung des Durchmessers die Porosität stark abnimmt.

Nach Gründer und Hildenbrand [9] nimmt mit Vergrößerung des Neigungswinkels des Tellers die Druckfestigkeit der Grünpellets stetig ab; da die Verweilzeit des Gutes in Teller kürzer die Menge der bewegten Masse im Teller kleiner wird.

Tigerschiöld und Ilmoni [1o] zeigen, daß die Porosität der Grünpellets mit steigender Füllung des Pelletiertellers und Vergrößerung der Verweilzeit abnimmt.

Untersuchungen mit stetig zunehmender Pelletierdauer von Chochlow und Besprozvannych erbrachten eine parallel dazu verlaufende Steigerung der Punktdruckfestigkeit und Sturzfestigkeit der Grünpellets [11].

Gründer und Hildenbrand erklärten die Einflüsse mit größeren Füllungsmengen dadurch, daß auf die einzelnen Pellets bei der rollenden Bewegung ein höherer Druck und damit eine höhere mechanische Kraft ausgeübt wird [9].

Die Auswirkung der mechanischen Kräfte in der Primäragglomerationsstufe zeigt sich somit bei allen Eisenerzagglomerationsverfahren.

Die Betonung muß jedoch auf der Herstellung von Grünpellets und von rolliertem Gut für die Sinterung liegen, da der Brikettierung heute keine so große Bedeutung mehr zugemessen wird.

Bei der Betrachtung des mechanischen Druckes wurde bisher der Einfluß der Erzeigenschaften nicht gesondert hervorgehoben; die Untersuchungen und Ergebnisse treffen also nicht nur für Eisenerze zu.

1. Bindung durch Oberflächenspannungen und Kapillardrücke bei frei beweglichen, flüssigen Oberflächen

Die Bindungen, die auch durch den Begriff: kapillare Haftkräfte zusammengefaßt sind, werden durch den kapillaren Unterdruck und die Grenzflächenkräfte an der freibeweglichen Flüssigkeitsoberfläche hervorgerufen.

Da beim Brikettieren, z.B. beim Bilden von Formlingen aus einem Filterkuchen, wie auch beim Sintern und Pelletieren entweder Wasser vorhanden ist oder hinzugefügt wird, wird bei den weiteren Betrachtungen diese Möglichkeit, eine Bindung zu schaffen, besonders beleuchtet.

So können sich beim Vorhandensein kleiner Flüssigkeitsmengen Flüssigkeitsbrücken zwischen den einzelnen Körnern des Haufwerkes bilden. Sind die Hohlräume völlig mit Flüssigkeit ausgefüllt und bilden sich an der Oberfläche zwischen den Körnern konkave Menisken, wird die Bindung allein durch kapillaren Unterdruck hervorgerufen.

Bei kleinen Flüssigkeitsfüllungsgraden ($\psi < 0{,}2$) wird der Kornverband von Grünpellets durch die Flüssigkeitsbrücken zusammengehalten. Sie bilden sich an Koordinationspunkten der Teilchen [12-15].

Die an jedem solchen Berührungspunkt vorliegende Menge der Flüssigkeit läßt sich nach Batel [16] berechnen:

$$W_z = n_b \cdot f(\alpha) \cdot d^3$$

W_z = Gesamtmenge der Flüssigkeit

n_b = Anzahl aller Berürhungspunkte im Haufwerk je Volumeneinheit

α = Zentriwinkel der Flüssigkeitsbrücke

d = Durchmesser der kugelförmigen Teilchen

Bei Vorliegen dieser Flüssigkeitsfüllungsgrade läßt sich nach Rumpf [12] eine Grundgleichung für die theoretische Abschätzung der Zugfestigkeit ableiten, gleichgroße kugelförmige Teilchen vorausgesetzt:

$$\sigma_{ZB} = \frac{9}{8} \cdot \frac{(1-\varepsilon)}{\pi} \cdot k \cdot \frac{H}{d} 2 \quad (kp/cm^2)$$

σ_{ZB} = Zugfestigkeit mit Brückbindung

ε = Porosität

d = repräsentative mittlere Teilchengröße (cm)

k = Koordinationszahl

H = Haftkraft je Berührungsstelle (dyn)

Im allgemeinen liegt aber eine Kornverteilung vor, die sich nach Turba [17] berechnen läßt.

O. Smith [18] fand für gleichgroße Bleikugeln die Beziehung:

$$K \cdot \varepsilon = \pi$$

Die Haftkraft H zwischen zwei gleichgroßen, kugeligen Teilchen läßt sich berechnen. H ist eine Funktion von γ = Oberflächenspannung der Flüssigkeit, ϑ = Randwinkel der Flüssigkeit am Feststoff, ß = halber Zentriwinkel der Flüssigkeitsbrücke und d.

Durch Einsetzen von k und H in die Gleichung [10] erhält man für die

Zugfestigkeit $_{ZB}$ von Grünpellets die folgende Beziehung:

$$ZB = \frac{9}{8} \cdot \gamma \cdot \frac{(1 - \varepsilon)}{\varepsilon} \cdot \frac{1}{d} \cdot f(\vartheta, \beta)$$

Nach Tigerschiöld und Ilmoni [1o] wird die Zusammenarbeit der Grünpellets in erster Linie durch den kapillaren Unterdruck des Porensystems hervorgerufen.

In einer Kapillare steigt die benetzende Flüssigkeit infolge der Adhäsionskräfte hoch und bildet eine konkave Oberfläche.

Wendet man die dieses Problem behandelnde Gleichung an und setzt bei vollständiger Benetzung den Krümmungsradius der konkaven Flüssigkeitsoberfläche gleich dem Radius der Kapillaren, so ergibt sich für den kapillaren Unterdruck $pk = \frac{2 \cdot \gamma}{r}$

r = Radius der Kapillaren
γ = Oberflächenspannung

Diese Berechnung gilt für Agglomerate, wenn der gesamte Hohlraum mit Flüssigkeit ausgefüllt ist und an der Oberfläche am Ausgang der Poren sich konkave Menisken ausbilden. In diesem Fall wird der Kornverband durch den kapillaren Unterdruck der konkaven Flüssigkeitsoberfläche zusammengehalten.

Wird der hydraulische Porenradius, der das Verhältnis des mit Flüssigkeit gefüllten Volumen der Pore mit der Höhe h zur Oberfläche dieser Pore ausdrückt, in die Gleichung eingesetzt, so ist der kapillare Unterdruck:

$$P_k = \frac{\gamma}{m}$$

m = hydraulischer Porenradius, $m = \frac{r}{2}$.

Nach Tigerschiöld und Ilmoni wird für den hydraulichen Porenradius unter der Voraussetzung statistischer Verteilung der Teilchen ein mittlerer hydraulicher Radius angenommen:

$$m = \frac{\varepsilon}{S \cdot \rho_w} \cdot (1 - \varepsilon)$$

ε = Porosität der Grünpellets
S = spezifische Oberfläche des Konzentrates $(\frac{cm^2}{g})$
ρ_w = wahre Dichte des Konzentrates $(\frac{g}{cm^3})$.

Der kapillare Unterdruck beträgt dann:

$$P_k = \gamma \cdot S \cdot \rho_w \cdot \frac{(1 - \varepsilon)}{\varepsilon}$$

Der kapillare Unterdruck, d.h. die Festigkeit der Grünpellets ist in erster Linie direkt proportinal der spezifischen Oberfläche des Pelletierkonzentrates. Nach diesen Untersuchungen lagen die ermittelten Porositätswerte von Grünpellets zwischen o,21o und o,294.

Jedoch weichen bei Gegenüberstellung der nach dieser Gleichung errechneten Kapillardrucke und der gemessenen Punktdruckfestigkeit von Grünpellets, die aus verschiedenen Kornverteilungen hergestellt wurden, die Werte vom proportinalen Verlauf ab (Steigung = 1). Diese Abweichung ist um so größer, je höher die für den errechneten kapillaren Unterdruck ermittelten Werte sind.

Die maßgeblichen Faktoren für die Festigkeit eines Grünpellets sind somit die Oberflächenspannung, spezifische Oberfläche, Dichte der Pelletierflüssigkeit und die Porosität.

Der Einfluß der Oberflächenspannung zeigte sich in Untersuchungen von Newitt und Convay, die Silika-Sandgrünpellets mit Alkoholwasserlösungen verschiedener Konzentration herstellten [19]. Durch Steigerung des Alkoholgehaltes von o - 1oo % konnte die Oberflächenspannung der Flüssigkeit bis zu 31 % gesenkt werden; die Druckfestigkeitswerte der Grünpellets fielen entsprechend um 29 %. Batel [16] führte Untersuchungen an Quarzsandschüttungen durch und auch Ridgion, Cohen und Lang zeigten diesen Einfluß [2o], indem sie anorganische Salze der Pelletierflüssigkeit zugaben und somit deren Oberflächenspannung erhöhten.

Bei der Betrachtung der Oberfläche wird als ausschlaggebender Faktor die Korngröße herangezogen [14,15,21]. So wird als beeinflussende Grösse für die Grünfestigkeit oft der Feinanteil unter 45 µ angegeben; jedoch besteht nach den Untersuchungen von Ulrich und Han keine lineare Beziehung [22]. Die Grünfestigkeit steigt ab 9o % Feinanteil kleiner 45 µ steiler an. Demgegenüber läßt sich eine lineare Abhängigkeit zwischen der Festigkeit und dem Feinanteil unter 2o µ feststellen [7]. Dieser vereinfachende Faktor, der durch die Siebanalysenmethode begünstigt wurde, läßt sich annäherungsweise auch aus der berechneten oder gemessenen spezifischen Oberfläche bestimmen [23]. Unter der Annahme von kugeligen Teilchen wird die Wirkung des Feinanteils auf die Festigkeit von Granulaten durch eine repräsentative Teilchengröße dh angegeben, in der Form, daß alle größeren Teilchen von Teilchen der Größe dh umhüllt sind [13]. Diese Teilchengröße dh läßt sich rechnerisch oder graphisch bestimmen:

$$1/4 \int_{d_{min}}^{dh} do = \int_{dh}^{d_{max.}} do$$

Die spezifische Oberfläche beschreibt im Gegensatz zum Kornaufbau nach Struve [25] die Pelletiereigenschaften eines Erzes besser, da mit der spezifischen Oberfläche der Einfluß der Teilchenform und der Oberflächenbeschaffenheit der Teilchen sowie die Wirkung der feinsten Fraktion des Erzes weitaus besser erfaßt werden können.

Verbunden mit der spezifischen Oberfläche ist der Hohlraumvolumenanteil zwischen den Teilchen im Kaufwerk, d.h. mit der Porosität; diese stellt eine Größe dar, die die Verdichtung des Grünpellets beschreibt. Allgemein steigt die Festigkeit von Grünpellets mit der Verringerung des Porenvolumens. Der Hohlraumvolumenanteil hängt in erster Linie vom Packungsvermögen der Teilchen ab, das durch Teilchengröße, Kornverteilungsbreite und sehr stark von der Teilchenform bestimmt wird. Weisen die Teilchen eine stetige Kornverteilung auf, so ist die Breite der Verteilung für die Porosität maßgebend. Sie wird mit zunehmender Breite der Verteilung kleiner. Die Vermeidung einer Porosität führt zu besten Ergebnissen, wenn sich die Siebdurchgangslinie möglichst eng an die Fullerkurve angleicht, bei der sich das Lückenvolumen einem Minimum nähert.

Zur Beschreibung des Bindemechanismusses und des damit hervorgerufenen Festigkeitsverhaltens von Grünpellets ist der Flüssigkeitsgehalt bzw. Flüssigkeitsfüllungsgrad von großer Bedeutung. Pellets werden normalerweise beim Pelletiervorgang so hergestellt, daß das Hohlraumvolumen nahezu mit Flüssigkeit ausgefüllt ist [7].

2. Vergleichende Betrachtung der Bindungsmöglichkeiten in der Primäragglomerationsstufe (Sinter, Pellets, Brikett)

Da, wie vorher diskutiert, bei der Agglomeration von Konzentraten und Reicherzen Bindemittel unter anderem eine Erniedrigung des Eisengehaltes und Zusatzkosten hervorrufen, soll diese Möglichkeit zunächst nicht in den Vergleich einbezogen werden.

Die wichtigste Forderung, die an Primäragglomerate gestellt wird, ist ein hohes Festigkeitsverhalten bei Abrieb- und Druckbelastung.

Da die Anziehungskräfte zwischen festen Teilchen nur einen geringen Zusammenhalt in üblichen Eisenerzen und Konzentraten hervorrufen, werden die Festigkeiten von Agglomeraten mit Wasserzusatz einem Vergleich unterworfen.

Dies trifft sowohl für Günpellets, Sinterrohmischung und Eisenerzbriketts zu. Die Brikettierung ohne Bindemittel erhält zum Teil eine Sonderstellung, da oft Erze mit besonders geartetem Gangartgehalt (ton- und kalkhaltig) verwandt wurden, so daß eine Plastizität vorausgesetzt werden konnte; die meisten Erze sind bei gewöhnlichen Temperaturen nicht oder nur unter Anwendung hoher Drucke bindefähig und bedürfen daher der Beimischung von Zusätzen.

Werden Primäragglomerate mit unterschiedlichen Wassergehalten hergestellt oder von hohen Wassergehalten ausgetrocknet, so zeigt sich eine Abhängigkeit zur Festigkeit.

Nur geringe Festigkeitwerte können ohne Zusatz von Wasser erwartet werden.

Bei niedrigem Wassergehalt bilden sich an den Berührungspunkten der Teilchen spezielle Flüssigkeitsringe; diese Stufe wurde von Newitt und Convey-Jones: "Pendular-state" genannt [19].

Bei höheren Wasserhalten werden die Hohlräume zum Teil ausgefüllt, dabei gehen die Flüssigkeitsringe in den "funicular-state" ineinander über.

Der "capillary-state" wird dann erreicht, wenn der gesamte Hohlraum mit Wasser gefüllt ist.

Bei optimaler Führung wird beim Pelletieren, beim Rollieren und Krümeln der Sintermischung und beim Brikettieren ohne hohen Druck dieser Kapillarzustand angestrebt. Es wird somit versucht, den relativen Luftvolumenanteil sehr gering zu halten. Newitt und Convey-Jones gaben ihn mit kleiner 6 % an bei Pellets aus Silikasand, durch Besprühen von trocknen Konzentraten wurde beim Rollieren ein Luftvolumenanteil von o,1 bis 3,2 % festgestellt. Demgegenüber ergaben Pellets, die durch Feuchtmischen und Rollen hergestellt wurden höhere Werte bis zu 12,9 %. Ein Vergleich zwischen den Festigkeiten der möglichen Bindungsmechanismen wurde für zwei Extremfälle der Flüssigkeitsfüllungsgrade durchgeführt; so $\psi <$ o,2 und $\psi <$ o,8. In dem Zwischenzustand können beide Bindungsmechanismen, nämlich Flüssigkeitsbrücken und flüssigkeitserfüllte Räume auftreten, wobei die schwächste Bindung für die Festigkeit maßgebend ist.

Die durch kapillaren Unterdruck des in der Gesamtheit mit Flüssigkeit erfüllten Agglomerats erzeugte Festigkeit ist bei Grünpellets dreimal so groß wie durch Flüssigkeitsbrücken : σ_{zb} = o,35 . σ_{zk} [26],

σ_{zb} bei Zugfestigkeit durch Flüssigkeitsbrücke,

σ_{zk} bei Zugfestigkeit durch kapillaren Unterdruck.

Bei dem Ansatz der Beschreibung der Festigkeit durch kapillaren Unterdruck sind die Kapillaren mit kleinerem Krümmungsradius für den Unterdruck maßgebend. Sind die Hohlräume völlig ausgefüllt, so ist die Druckfestigkeit gleich der errechneten (P gemessen = o,9 . P errechnet). Der Flüssigkeitsgerhalt, der die optimalen Festigkeitswerte hervorruft, hängt einerseits von der Beschaffenheit des Pelletierkonzentrates ab und nimmt mit steigendem Aufmahlgrad des Ausgangsmaterials zu.

Werden die übrigen beeinflussenden Faktoren gleich gehalten und nur der Wassergehalt über den des kapillaren Unterdrucks gesteigert, so bildet sich an Stelle der konkaven Menisken in den Poren die konvexe Oberfläche des Flüssigkeitstropfens.

Die kapillaren Haftkräfte zwischen den Erzteilchen treten zurück und der Zusammenhalt des Agglomerats erfolgt nur noch durch die Oberflächenspannung des Wassertropfens. Dieser ist im Verhältnis zum kapillaren Unterdruck sehr klein. Werden die Festkörperteilchen in einen Flüssigkeitstropfen zusammengehalten, sinkt nicht nur die Festigkeit der Agglomerate, sondern es bilden sich auch unerwünschte große Agglomerate durch Zusammenklumpen mehrerer kleiner.

Beim Herstellen der Sinterrohmischung entstehen im Krümelgerät Ansätze und auch beim Pelletieren im Teller und in der Trommel werden keine rollierten Agglomerate mehr ausgetragen, die die gewünschte Gleichkorngröße besitzen.

3. Einfluß der Morphologie und Genesis der Erze und Konzentrate

Untersuchungen von Bhrandy, Johnsen, Myron und Pelczarski [27] über den Wert der kritischen Feuchtigkeit ergaben, daß neben dem Feinheitsgrad der Erze auch deren Form einen Einfluß auf die Bildung der Kapillaren besitzt. Festgestellt wurde auch, daß Teilchen mit großen Oberflächen und guter Benetzbarkeit, wie Kiesabbrände sich anders verhalten als glatte Plättchen eines Hämatit oder körnigen Magnetitkonzentrates [25, 28].

Die Form und die Oberflächenbeschaffenheit der Teilchen stellen eine Wichtige Größe für den Bindungsmechanismus dar, da einerseits das Gesamthohlraumvolumen bzw. die Packungsdichte und die Geometrie des Porensystems, zum anderen die Zahl der Berührungspunkte (Koordinationspunkte) durch Teilchenform und Beschaffenheit verändert werden [29, 3o].

D. Versuchsdurchführung

1. Versuchs- und Meßgerätebeschreibung

1.1. Mahlen, Klassieren und Mischen der Erze, Konzentrate und Additive

Da für die verschiedenen Versuche Ausgangsmaterialien mit extrem gleichförmigen bzw. extrem verschiedenen Körnungsbändern benötigt wurden, wurden die Erze, Konzentrate, Additive und das Rückgut in einer Kugelmühle bzw. in einer Laborschwingmühle zerkleinert.

Das Mischen der Komponenten erfolgte bei großen Mengen im Eirisch-Mischer; bei wenig Material durch Verwirbeln mit einem Handquirl. Die Verweilzeit wurde jeweils bei den Mischungen gleichgehalten, die miteinander verglichen werden sollten. Die Mischungen erhielten in den meisten Fällen eine Wasserzugabe, die eine Grundfeuchtigkeit von 3 bzw. 4 % hervorrief.

1.2. Herstellung des rollierten Materials

Die Zusammenballung der aufgemahlenen Komponenten erfolgte in einem Doppel-Pelletierteller mit einem Durchmesser von 1495 mm bei einem Neigungswinkel von 51° und 12 Umdrehungen. Die ausführliche Beschreibung erfolgte im Forschungsbericht des Landes Nord-Rhein-Westfalen Nr. 2o86; hier werden nur die wichtigsten Daten festgehalten.

Im Eisenteller konnte rolliertes Material bis 12 mm Durchmesser durch kontinuierliches Austragen über den Rand gewonnen werden. Kleineres rolliertes Material wurde durch Absieben aussortiert.

Damit mit bestimmten kleinen Materialmengen die Herstellung von Pellets gelingen konnte, wurde zunächst ein kleiner Teil des Materials in den Teller gegeben und zusammengeballt; es bildeten sich kleine Pellets. Von diesen siebte man diejenigen ab, die einen Durchmesser von 2-3 mm besaßen und gab sie in den Teller zurück. Diese Pelletkerne vergrößerten dann fast gleichmäßig bei Zugabe von Wasser und Material ihren Durchmesser, ohne daß erneut kleine Pellets entstanden.

Die Herstellung von Schalenpellets, bei denen unterschiedliche Zusammensetzung in Kern und Schale vorliegen soll, erfolgte dadurch, daß man die wachsenden Pellets im Teller beim Erreichen einer bestimmten Größe herausnahm. Nach Absieben wurden nur die Pellets in den Teller zurückgegeben, die eine Mindest- oder Maximalgröße (z.B. zwischen 7,5 und 8 mm) nicht unter- bzw. überschritten. Auf diese Pellets wurde dann ein nach chemischen oder physikalischen Eigenschaften zur Ausgangsmischung unterschiedliches Material pelletiert, die Pellets danach wiederum aus dem Pelletierteller herausgenommen und nur die in den Teller zurückgegeben, die durch das neu zugesetzte Material bis zu einer bestimmten Größe angewachsen waren (z.B. 9-9,5 mm Ø). Durch weitere Schichtenbildung gelang so die Herstellung von Pellets mit 5-6 Schalen verschiedenen Materials.

2. Bestimmung der Parameter

2.1. Bestimmung des Feuchtigkeitsgehaltes

Da die freie Fläche des Pelletiertellers und die Drehbewegung eine starke Verdunstung des aufgedüsten Wassers hervorrief, konnte nicht durch Beziehen des eingegebenen Wassers auch das Erzgewicht, die verbliebene Feuchtigkeit im rollierten Material, bestimmt werden. Der Feuchtigkeitsgehalt wurde daher mit einer Feuchtigkeitswaage, System Gronert, bestimmt; Einwaage = 4o gr., Trocknungszeit = 1o min., Feuchtigkeit = Gewichtsabnahme in %.

Die ermittelten Werte ergaben eine Aussage über den Wassergehalt in %, bezogen auf das Feuchtegewicht.

Für die Bestimmung des Wassergehaltes, bezogen auf die trockene Feststoffsubstanz, wurde folgende Gleichung angewendet:

$$W_T = \frac{100 \cdot W_F}{100 - W_F} \quad [\%]$$

W_T = Wassergehalt, bezogen auf die trockene Feststoffsubstanz [%]

W_F = Wassergehalt, bezogen auf das Feuchtegewicht [%]

Um den Flüssigkeitsfüllungsgrad zu bestimmen, wurden die Wassergehalte auf die trockene Feststoffsubstanz bezogen.

2.2. Bestimmung der Grünfestigkeit

Als Grünfestigkeit wird die Bruchlast angegeben, unter der das rollierte Material z.B. ein Pellet zwischen zwei Platten zerbricht.

Für jeden Meßpunkt wurde die Grünfestigkeit von 1o Pellets mit einem Durchmesser von 11,5 mm nacheinander bestimmt und daraus der errechnete Mittelwert angegeben. Da der mittlere Querschnitt der Pellets 1o3,5 mm^2 betrug, könnten die ermittelten Werte für die Grünfestigkeit in Kp/cm^2 angegeben werden; jedoch als Punktdruckfestigkeit.

Die Meßeinrichtung besteht aus einer umgebauten Hebelwaage, bei der auf dem einen Waagebalken die Last aufgebracht und auf dem anderen das Pellet durch diese Last gegen eine feste Platte bis zum Bruch gedrückt wird. Um eine konstante Belastung bis zum Bruch der Pellets zu gewährleisten, wurde eine Mariotte'sche Flasche verwendet. Mit dieser Anordnung ist eine konstante Ausflußgeschwindigkeit des aus der Flasche ausströmenden Wassers gegeben. Die Ausflußgeschwindigkeit konnte zwischen 1 - 4 kg Wasser/min durch einen eingebauten Hahn geregelt werden. Aus der liniaren Abhängigkeit der Ausflußmenge von der Zeit wurde über die Belastungsdauer die Bruchlast bestimmt.

Neben dieser Prüfmethode wurde eine "Instronzerreißmaschine" eingesetzt.

2.3. Bestimmung der Sturzfestigkeit

Zehn Granalien wurden von einer in Vorversuchen ermittelten Höhe ausgehend nacheinander auf eine Stahlplatte gestürzt. Für weitere Versuche, bei gleichem Feuchtegehalt der Granalien, wurde die Fallhöhe varriiert, so daß sie 5, 1o oder 15 cm über oder unter dem Ausgangswert lag. Für die verschiedenen Höhen wurden die jeweiligen prozentualen Anteile der Agglomerate aufgetragen, die den Sturz ohne sichtbare Risse und Abplatzungen überstanden hatten. Die Bestimmung bei höheren Wassergehalten war wegen der Plastizität der Granalien schwierig.

2.4. Bestimmung der Porosität

Die Porosität eines Körpers ist definiert als Verhältnis seines Hohlraumvolumens zum Gesamtvolumen

$$\varepsilon = \frac{V - v}{V}$$

ε = Porosität, V = Gesamtvolumen

v = Volumen der dichten Masse des Körpers

Das scheinbare spezifische Gewicht bezogen auf das Trockenpellet:

$$v \cdot \rho_w = V \cdot \rho_s$$

ρ_s = scheinbares spezifisches Gewicht

ρ_w = wahres spezifisches Gewicht.

Die Porosität ausgedrückt durch spezifische Gewichte:

$$\varepsilon = 1 - \frac{\rho_s}{\rho_w}$$

Zur Bestimmung des scheinbaren spezifischen Gewichtes wurden jeweils 1o Pellets bei 15o° C 3o Minuten lang getrocknet und anschließend gewogen.

Das Gesamtvolumen dieser Pellets wurde mit Hilfe eines mit Wasser ausgefüllten Meßzylinders bestimmt. Um das Eindringen des Wassers in die Hohlräume der Pellets zu verhindern, wurden sie durch Eintauchen in eine 4%-ige Kollodiumlösung mit einem Kollodiumfilm überzogen. Die Mittelwerte je dreier Messungen ergaben das scheinbare spezifische Gewicht.

Die Bestimmung des wahren spezifischen Gewichtes erfolgte mit Hilfe des Pyknometers.

2.5. Bestimmung des Flüssigkeitsfüllungsgrades

Der Flüssigkeitsfüllungsgrad wird als das Verhältnis zwischen dem mit Flüssigkeit ausgefüllten Hohlraumvolumen und dem gesamten Hohlraumvolumen ausgedrückt:

$$\psi = \frac{V_{FL}}{\varepsilon \cdot V}$$

V_{FL} = mit Flüssigkeit ausgefülltes Hohlraumvolumen

V = Gesamtvolumen des Pellets

ε = Porosität

Bezogen auf die trockene Feststoffsubstanz gilt:

$$W_T = \frac{V_{FL} \cdot \rho_F}{V \cdot \rho_s}$$

ϱ_F = Dichte der Flüssigkeit

ϱ_s = scheinbare Dichte der Trockenpellets

Durch Einsetzen der V_{FL} ergibt sich der Flüssigkeitsfüllungsgrad

$$\psi = \frac{W_T \cdot \varrho_s}{\varepsilon \cdot \varrho_F}$$

Bei der Verwendung des Wassers als Pelletierflüssigkeit wird die Gleichung weiter vereinfacht:

$$\psi = \frac{W_T \cdot \varrho_s}{\varepsilon}$$

Das relative Luftvolumen beträgt dann:

$$L = 1 - \frac{W_T \cdot \varrho_s}{\varepsilon}$$

2.6. Bestimmung des Körnungsbandes

a) Erz

Die Bestimmung der Teilchengrößenverteilung von Erzen erfolgte durch die Siebanalyse, die nach den Richtlinien für die Handprüfsiebung nach DIN 4188 durchgeführt wurde.

Die Prüfsiebe wurden in der Reihenfolge von fein nach grob benutzt. In den Tabellen sind die Siebanalysen der untersuchten Erze zusammengestellt, wobei die prozentuale Menge bestimmt wurde, die größer als die Maschenwerte der Prüfsiebe 45 u, 63 u, 9o u, 125 u, 15o u, 25o u und kleiner als 45 u ist.

b) Synthetisches Probematerial

Die Teilchengrößenverteilung der synthetischen Proben wurde mit Hilfe eines halbautomatischen Teilchengrößenanalysators TCZ 3, Zeiss, bestimmt. Zu diesem Zweck wurden von den Proben elektronenmikroskopische Abbildungen angefertigt.

Bei der Messung wird der Durchmesser eines einstellbaren Lichtkreises dem mittleren Durchmesser eines Teilchens angeglichen. Dieser Wert wird anschließend durch die Bestätigung einer Fußtaste in einem der 48 Zählwerke registriert.

Die Auszählung der Teilchen nach Zahl und Größe erfolgte im Teilchengrößenanalysator bei exponentiell anwachsender Schrittbreite der Kategorien. Bei nadeligen und sternförmigen Kristallen wurde die Längsrichtung, bei kugeligen bzw. kubischen Kristallen und feinkristallinen Haufwerken der mittleren Durchmesser bestimmt.

Berechnet man die relative Summenhäufigkeit R in Prozent und trägt diese Werte in einem Wahrscheinlichkeitsnetz gegen den Logarithmus der Teilchengröße auf, so ergibt sich für jede Probe eine Gerade mit bestimmter Steigung, die ein Maß für die Homogenität der Teilchengrößenverteilung ist.

Die Standardabweichung σ läßt sich mit der Gleichung:

$$\sigma = \frac{1}{2} \log \frac{D_2}{D_1}$$

errechnen, wobei D_2 und D_1 den Werten R_2 = 84,1 % und R_1 = 15,9 % entsprechen.

Die arithmetisch gewogene mittlere Teilchengröße D_m ergibt sich dann mit der Gleichung (2) zu:

$$D_m = D_z \cdot e^{\frac{1}{2}\left[(\ln 10)\sigma\right]^2}$$

D_z, die Halbwertsteilchengröße wird dem Wert R_z = 5o % zugeordnet.

3. Versuchsergebnisse

3.1. Einfluß des Wassergehaltes

Punktdruckfestigkeit

Der Einfluß des Wassergehaltes zeigte sich bei Sydvaranger-Pellets, die mit Wassergehalten von ungefähr 5,5 % pelletiert worden waren und dann bei Raumteperatur getrocknet wurden [29, 3o]. Zunächst stieg die Punktdruckfestigkeit der Pellets bis zu einem Wassergehalt von 3 % an, um danach auf einen Wert von 4oo g pro Pellet bei völliger Austrocknung abzusinken. Durch erneutes Befeuchten der Pellets und Auslagern in Gefäßen mit hohem Feuchtigkeitsgehalt konnte die Festigkeit, ausgehend von dem niedrigen Festigkeitsgehalt der trockenen Pellets, wiederum gesteigert werden und erreichte bei einem Wassergehalt von ebenso 3 % ein Maximum, das jedoch weit unter dem Maximum des Austrocknens, ausgehend von sehr feuchten Pellets, lag. Bei höherem Wasserzugeben fiel die Festigkeit der Pellets wiederum ab.

Im folgenden werden Festigkeitswerte von rolliertem Material für die Sinterung und Pelletierung jeweils in Abhängigkeit vom Wassergehalt aufgetragen.

Einfluß des Wassergehaltes auf die Sturzfestigkeit von rolliertem Material

Da eine wichtige Größe für den Transport eines Agglomeraten nicht nur die Punktdruckfestigkeit, d.h. die Festigkeit in einer Schüttung ist, sondern auch die Festigkeit gegen Stürze aus verschiedenen Höhen, wurden im folgenden Konzentratpellets in Abhängigkeit vom Wassergehalt auf ihre Sturzfestigkeit hin untersucht [21]. Es wurden Pellets mit einem Wassergehalt hergestellt, der auf einem Pelletierteller optimale Bedingungen erbrachte; und danach wurden diese Pellets ausgetrocknet.

Zunächst wurde in Vorversuchen eine ungefähre Höhe bestimmt, aus denen die Pellets mit einem bestimmten Wassergehalt nur zum Teil zerbrachen, wenn sie auf eine Stahlplatte als Unterlage herunterfielen. In den folgenden Versuchsreihen wurden dann bei einem bestimmten Wassergehalt jeweils 1o Pellets von einer bestimmten Höhe herabgestürzt. Einbezogen wurden die Zahl der Pellets, die den Sturz nicht überstanden, d.h. sichtbare Risse zeigten. Die Bestimmung bei höheren Wassergehalten war insofern schwierig, da die Granalien in diesem Bereich eine gewisse

Plastizität zeigten, und sie nicht eindeutig den zerbrechenen oder unzerbrochenen Anteilen zugerechnet werden konnten.

Es zeigt sich, daß die Sturzfestigkeit mit steigendem Wassergehalt in den Agglomeraten ansteigt. Rolliertes Material kann somit mit höheren Wassergehalten eine größere Sturzbeanspruchung ertragen, jedoch werden die Agglomerate nach dem Sturz keine Kugelform mehr besitzen, sondern sich in ihrer Form verändert haben.

Gegenüber den zuvor vorgestellten Punktdruckfestigkeiten zeigt sich bei der Sturzfestigkeit, daß zwar die Bindekraft zwischen den einzelnen Körnern im Innern geringer wird, jedoch der Gesamtverband durch die eintretende Plastizität einen gewissen Zusammenhalt behält, der Stürze aus größeren Höhen zuläßt

3.2. Einfluß der Größe der rollierten Kugeln

In der Abbildung 1 und 2 werden die Grünfestigkeit von Kiruna- und Venezuela-Pellets mit unterschiedlichem Durchmesser in Abhängigkeit vom Flüssigkeitsgehalt, bezogen auf das Feuchtgewicht, aufgetragen.

Die Grünfestigkeit, die nach dem Abnehmen der Pellets vom Pelletierteller gemessen wurde, und die während der Auslagerung erreichte Festigkeit sind proportional dem Pelletdurchmesser.

Dies wird deutlich, wenn der Verlauf der Grünfestigkeit der Pellets von 9 mm und 18 mm Durchmesser verfolgt wird. [29)]

Dabei nimmt die maximale Festigkeit und die Anfangsfestigkeit mit der Verdoppelung des Durchmessers etwa um das 4-fache zu, siehe Abbildung 3.

3.3. Einfluß der Morphologie bei synthetischen Eisenoxyden

Beim Vergleich von rolliertem Material, das aus Teilchen zusammengeballt worden war, welches zum einen eine kugelige bzw. kubische Form besaß, eine nadelförmige oder sternförmige Ausbildung hatte oder aus einem feinkristallinen Haufwerk bestand, zeigte es sich, daß die erreichbaren Festigkeiten bei optimalen Flüssigkeitsgehalten sehr unterschiedlich hoch lagen. Aus Abbildung 4 bzw. 5 ist zu erkennen, daß feinkristalline Haufwerke maximale Festigkeiten erreichen; sternförmige Verwachsungen dagegen nur geringe Festigkeitssteigerung bei der Austrocknung erreichen und weit unter den Werten aller anderen Kornformen liegen.

Der Einfluß der Teilchenform auf wahre und scheinbare Dichte, sowie Porosität gibt Tabelle 1 an.

3.4. Untersuchungen an natürlichen Erzen

Die Grünfestigkeit als Funktion des Flüssigkeitsfüllungsgrades wird von Pellets der Erzsorten Hasancelebi, Hekimhan, Kangal und Edremit in Abbildung 6 festgehalten. Die Aufmahlgrade - festgelegt im Feinanteil kleiner 45 µ - und auch die Porositäten lagen sehr eng beieinander; dazu zeigte sich die Teilchenform bei allen Erzen unter dem Elektronenmikroskop in plättchenhaften Strukturen. Edremit-Pellets erreichten mit fast 6 kg/Pellet die höchsten Festigkeitswerte bei 80 % Flüssigkeitsfüllungsgrad; bemerkbar machten sich neben der plättchenhaften Form die ausgefransten und aufgerauhten Oberflächen. Die Maxima der anderen Pelletsorten befinden sich im gleichen Flüssigkeitsfüllungsbereich von ca. 80 %. Beim Hekimhan- und Kangal-Pellet liegen die maximalen Festigkeitswerte, bedingt durch gleichen Feinanteil, gleiche Porosität und ähnliche Kornform und Oberflächenstruktur fast gleich hoch. Die Hasancelebi-Pellets, deren Kornform der vorgenannten entspricht, erreichten durch ihren geringeren Feinanteil etwas niedrigere Festigkeitswerte.

Der Einfluß des Feinanteils zeigt sich in Abbilung 7 beim Vergleich der Pellets aus Kiruna, Adana, Kessikköprü und Divrik-Erz mit kugelig bzw. kubischen Teilchenformen; Kiruna-Pellets mit geringerem Feinanteil und höherer Porosität erreichen nicht solche hohe Punktdruckfestigkeiten wie Divrik-Pellets mit fast 100 % Feinanteil unter 45 μ.

Die Tendenz, keine ausgeprägten Maxima zu zeigen wie die plättchen- und stäbchenförmigen Erze, die in der synthetischen Form den nadeligen sehr ähnlich sind, zeigen die Pellets aus kugeligen bzw. kubischen Erzteilchen.

Die Mischform kubisch und plättchenförmig des Kesikköprü-Erzes erzielt bei gleichem Feinanteil wie das kugelig bzw. kubische Kiruna-Erz viermal so hohe Festigkeiten beim Vergleich der Maximalwerte.

Im Vergleich zu den vorangegangenen Kurvenscharen zeigt die Abbilung 8 den Verlauf der Festigkeitswerte von Divrik C., Balikesir und Sakarya-Erz. Diese plättchenförmigen Erzteile wurden mit einem hohen Feinanteil pelletiert, und somit erklärt sich auch die große Festigkeit der Agglomerate. Maximalwerte erreichen die plättchenförmig und ausgefransten Divrik C.-Pellets von 8 kg/Pellet; auffällig ist, daß beim Austrocknen der Festigkeitsverlust bei geringen Wassergehalten nicht eintritt. Dieses Erz besaß einen Anteil an Illit- und Kaolinit-Kristallen; auch nach zweimonatiger Auslagerung und Trocknung wurde dieser Festigkeitsendwert ohne Wassergehalt nicht abgesenkt. Somit kann vorausgesetzt werden, daß die erreichte Festigkeit nicht nur durch den Austrocknungsprozeß, sondern auch durch Anlagerungs- und Umwandlungsprozesse, erzielt werden.

Bedingt durch den fast gleichen Feinanteil und gleich hohe Porositätswerte, liegen die maximalen Festigkeitswerte in einem verhältnismäßig engen Bereich. Die geringen Unterschiede in der Festigkeit werden nicht durch den Feinanteil hervorgerufen, sondern durch die unterschiedliche Ausgestaltung der in der Grundstruktur plättchenförmigen Teile, die bei Balikesir nur ausgefranst und somit den Divrik-Werten fast gleich sind, jedoch bei Sakarya dicht und sehr dünn zu bezeichnen sind. Diese Feinaufteilung der Grundform führt zu Festigkeitsunterschieden, die im Vergleich zu den Kornformunterschieden plättchenförmig, nadelig und kubisch, jedoch gering sind.

Der Einfluß der Kornform zeigt sich besonders stark in der Abbilung 9 beim Vergleich der Pellets aus Venezuela, Nigde und Anamur. Der Feinanteil der Nigde- und Venezuela-Pellets liegt fast im gleichen Bereich, jedoch erreichen die Nigde-Pellets mit ihrer sternförmig und nadeligen Struktur nur Maximalfestigkeitswerte von 3 kg. Die Venezuela-Pellets erreichen 4 kg und die im Feinanteil niedrigen Anamur-Pellets mit feinkristalliner, plättchenförmiger Form die höchsten Festigkeitswerte.

3.5. Einfluß von vorreduziertem Material

In den folgenden Untersuchungen wurden Pellets hergestellt, zu deren Ausgangskonzentrat unter das Erz vorreduziertes Material, hergestellt aus dem gleichen Konzentrat bzw. Erz zugegeben wurde. Die Vorreduktion des Erzes erfolgt in einem Fluidatbett.

Wurden diese Pellets bei Raumtemperatur ausgelagert, um den Einfluß geringer Wassergehalte zu messen, stieg die Festigkeit von einem bestimmten Wassergehalt an zu extrem hohen Werten [31]. Wird dagegen eine höhere Auslagerungstemperatur von z.B. 1oo° C gewählt, so daß sich Brückenbildung durch Korrosion nicht einstellen können, sondern daß das Wasser entweicht, steigen die Festigkeitswerte über die Werte der Pellets ohne Zugabestoffe, Abbildung 1o, bei dieser Auslagerungstemperatur.

Pellets aus Grängesberg-Erz mit Zumischungen von vorreduzierten Material ebenfalls aus Grängesberg-Erz erbrachten gleiche Tendenzen, Abbildung 11.

Neben der Herstellung von vorreduziertem Material im Fluidatbett wurden auch Pellets in einer Drehkammer reduziert und anschließend gemahlen. Diese Art von vorreduziertem Material fällt bei der Herstellung von Eisenschwamm an, da ein Teil der Pellets beim Reduktionsprozeß zerbricht und zermörsert wird.

Durch diese Methode konnte das Körnungsband des vorreduzierten Materials auch dem Körnungsband des Ausgangsmaterials angepaßt werden. Auch hier zeigten sich die Möglichkeiten, höhere Wasserzugaben zuzugeben und trotzdem den Pelletiervorgang nicht ungünstig zu beeinflussen; weiterhin konnte die Grünfestigkeit gesteigert werden, siehe Abbildung 12, jedoch lagen diese Werte unter denen der mit Zusatz von im Fluidatbett reduziertem Material.

3.6. Mischerze

Für den Hochofenprozeß werden Agglomerate mit guten physikalischen und chemischen Eigenschaften benötigt, die auch bestimmte Festigkeitseigenschaften im Grün- und Trockenzustand besitzen müssen. Agglomerate mit solchen Eigenschaften können nur durch Mischerzpelletierung hergestellt werden, da hier die Möglichkeit besteht, durch geeignete Erzauswahl und Erzanteile Agglomerate mit bestimmten Eigenschaften herzustellen.

Abbildung 13 zeigt das Festigkeitsverhalten der Mischerzpellets mit verschiedenen Anteilen von Kiruna und Venezuela-Erz in Abhängigkeit vom Flüssigkeitsgehalt. Ausgehend von diesen Werten ist in Abbildung 14 der Einfluß des Anteils von Venezuela-Erz auf die Anfangsgrünfestigkeit und die Festigkeit der trockenen Pellets und die maximale Grünfestigkeit aufgetragen.

Eine Zugabe von 2o % Venezuela ruft eine Verdoppelung der maximalen

Trockenfestigkeit der Mischerzpellets gegenüber den aus Kiruna-Erz hergestellten Pellets hervor. Die Anfangsgrünfestigkeiten behalten den gleichen Wert. Die Festigkeiten der Mischerzpellets nehmen proportional mit steigendem Venezuela-Anteil zu, wobei sich die erreichten maximalen Festigkeiten zu niedrigeren Wassergehalten verschieben.

Die Festigkeitszunehme erfolgt in folgender Weise:

$$P_{max., M} = P_{max., K} (AK) + P_{max., V} (AV)$$

AK = Anteil an Kiruna, AV = Anteil an Venezuela

$P_{max., M}$ = maximale Festigkeit der Mischerzpellets

$P_{max., K}$ = maximale Festigkeit der Kiruna-Pellets

$P_{max., V}$ = maximale Festigkeit der Venezuela-Pellets

3.7. Schalenpellets

Schalenpellets aus den Komponenten Venezuela- und Kiruna-Erz werden in der Abbildung 15 und Abbildung 16 vorgestellt, indem ihre Grünfestigkeitswerte in Abhängigkeit von ihrem Wassergehalt aufgetragen werden. Es zeigte sich, daß beim Aufbringen von Schalen aus schlecht pelletierbarem Material auf Kernen von gut pelletierbaren Material diese in ihrem Festigkeitsverhalten stark herabgesetzt werden. Umgekehrt können jedoch schlecht pelletierbare Materialien als Kernsubstanz in gut pelletierbarem Material gute Grünfestigkeitswerte erwarten lassen.

In der Abbildung 17 werden die maximalen Festigkeitswerte der beiden Schalenpelletsorten A) mit Venezuela-Schalen und B) mit Kiruna-Schalen gegenübergestellt; hierbei ist die oben geschilderte Tendenz sehr deutlich zu erkennen. Zu beachten ist jedoch, daß andere Körnungsbänder vorliegen als in den in den vorausgegangenen Kapiteln beschriebenen Versuchen und somit diese Pellets nicht mit den Pellets früherer Untersuchungen in ihren Festigkeitswerten ausgetauscht werden können.

Dieser Kurvenverlauf der Abbildung 17 ließ sich grundsätzlich bei allen untersuchten Schalenpellets beobachten.

Befürchtete Schwierigkeiten, daß Materialien, die zum Erreichen ihrer maximalen Festigkeit als Grünpellets ohne Zumischen von anderen Matermialien - somit als Monoerzpellet - extrem verschiedene optimale Wassergehalte benötigen, traten nicht ein. Die Materialien müssen nur soweit pelletierbar sein, um zu einem Pelletkern agglomeriert werden zu können. Dann können durch Aufbringen von Schalen besser pelletierbarem Materials festere Grünpellets erzeugt werden als durch Mischungen der beiden Materialien möglich sind. In diesen Pellets zeigten sich zwar oft verschiedene Wassergehalte, doch ein in etwa gleicher Flüssigkeitsfüllungsgrad. Im Doppelpelletierteller wurden im kleineren inneren Teller Kerne aus schlecht pelletierbarem Material erzeugt; nach Erreichen einer bestimmten Größe fielen sie in den umgebenden auf gleicher Achse sich drehenden Teller und wurden mit Schalenmaterial umhüllt. Mit dieser Methode konnten problemlos fast kontinuierlich unter Laborbedingungen Schalenpellets verschiedenen Durchmessers und verschiedener Schalendicke erzeugt werden.

E. Sekundäre Agglomeration

Während in der primären Agglomerationsstufe Erzteilchen zu einem Kornverband zusammengebunden werden, um einmal einen gleichförmigen Möller zu erzeugen oder beim anschließenden Härten - z.B. beim Sintern - in der Sekundäragglomerationsstufe die Gasdurchlässigkeit zu steigern, wird in der sekundären Agglomerationsstufe durch Hinzutreten neuer Bindungsmechanismen eine Verfestigung hervorgerufen.

So können sich Festkörperbrücken durch Langzeitauslagern in Form von kristallinen Brücken oder durch chemische Reaktionen bilden; bei Zusatz von erhärtenden Bindemitteln werden gelöste Substanzen auskristallisieren oder sich suspendierte kolloidale Teilchen ablagern.

Die größte technische Verbreitung findet bei der Erzagglomeration das Erhitzen der Eisenoxyde auf hohe Temperaturen. Durch Zusammenkristallisation der Eisenoxyde oder durch Überschreiten des Schmelzflusses von Teilen des Mineralbestandes und deren anschließendem Erstarren beim Abkühlen entstehen sowohl Eisenoxydbrücken oder Brücken aus den auskristallisierenden oder erstarrenden Gangart- bzw. Zuschlagstoffen.

Diese Härtungsprozesse werden in verschiedenen Aggregaten durchgeführt; eine Einteilung kann nach der Bewegung der Erzteilchen im Reaktionsraum vorgenommen werden, wie sie bei den Reduktionsverfahren angewandt wird [31-35].

Es kann zunächst zwischen Berührungsbetten und Feststoff-Gasgemischen unterschieden werden.

In der Tab.I im Anh. wird mit Beispielen die Anordnung vorgestellt.

Neben der Unterteilung des Härtens durch Auslagern (Zeitfaktor) und des Brennhärtens wird überlicherweise in der Literatur zwischen der Härtung durch den Sinterprozeß oder durch den Pelletierprozeß unterschieden.

Eine Härtung wird dann im üblichen Sprachgebrauch als Eisenerzinterung bezeichnet, wenn in der ersten Agglomerationsstufe die Erzteilchen zumeist mit Gangart und Zuschlägen zu Krümeln oder rolliertem Material zusammengeballt worden sind und dabei der Mischung ein Brennstoffgehalt zugegeben wurde, der dann beim Sinterprozeß durch Zünden in der Mischung verbrennt und die Wärme für Kristallisations- und Schmelzflußerscheinungen aufbringt [47].

Vom Pelletbrennen wird dann gesprochen, wenn rollierte Eisenerze (Grünpellets) durch Zuführen heißer Abgase, Verbrennen von Oel, Gas- oder Kohlenstaub zur Rekristallisation und Brückenbildung gebracht werden.

1. Bindungsmechanismen in der sekundären Agglomerationsstufe

Beim Härten von Filterformlingen und -Preßlingen, Sinterkrümel und rolliertem Material oder Grünpellets können grundsätzlich die gleichen Bindungskräfte eintreten.

Werden Reinsterze oder Konzentrate als Ausgangsstoffe eingesetzt, so können sich aus der Vielzahl der möglichen Festkörperbrücken durch Ausschalten der Gangartmineralien und durch Vermeiden von Zugeben von Zuschlägen nur kristalline Brücken, Brücken durch chemische Reaktion und teilweises Aufschmelzen auftreten.

Die Verfestigung durch Auslagern, hervorgerufen durch Zusatz eines Bindemittels, wird zumeist mit dem Ausbilden von Mörtelbrücken zwischen den einzelnen Eisenoxydkörnern erklärt. Die Vorgänge sind mit denen beim Trocknen von Lehm und Erhärten von Kalkmörtel in der Bauindustrie vergleichbar. Diese Brückenbildung tritt beim industriell angewandten Pelletierverfahren im Gängesbergverfahren ein. In erster Linie handelt es sich dabei um ein Entwässern und Eindicken von Gelen; durch die Trocknung können Festigkeitswerte erreicht werden, die zu einem nachfolgenden Hochofenprozeß ausreichend zu sein scheinen.

Neben der Verfestigung durch Auslagern besteht die Möglichkeit, auch Agglomerate der primären Stufe durch einen Brennhärtungsprozeß zu verfestigen. Hierbei können sich sowohl kristalline Brücken wie auch nach einem Schmelzfluß erstarrte Brücken aus den Eisenoxyden bilden, weiterhin können bei Anwesenheit von Gangart- oder Zuschlagstoffen sich kristalline Brücken dieser Begleitelemente untereinander oder mit den Eisenoxyden bilden, wie auch, vornehmlich durch das Auftreten niedrig schmelzender Eutektika, erstarrte Schlackenbrücken die Festigkeit übernehmen.

1.1. Bindungsmöglichkeiten durch Auslagern (Nutzung des Zeitfaktors)

Beim Herstellen von Agglomeraten wurden vornehmlich bei der Verwendung von Druck zur Erzeugung fester Briketts Zuschläge zugegeben, die die Brikettierfähigkeit der ersten Agglomerationsstufe, weiterhin jedoch die Festigkeit während der Lagerung erhöhen sollten. Da verschiedene zu agglomerierende Stoffe von Natur aus solche Bindemittel enthalten, wird hier nicht die Einteilung "bindemittelfrei" oder "mit Bindemittel" vorgenommen. Bei dieser Unterscheidung wird nämlich übersehen, daß es, abgesehen vom Heißbrikettieren kein technisch angewandtes oder vorgeschlagenes Verfahren gibt, das eine Brikettierung von Eisenoxyden bei einem Einstoffsystem ohne einen Gehalt an einem zweiten Stoff bei normalen Temperaturen und nicht extrem hohen Drucken gestattet.

So können in der ersten Agglomerationsstufe Briketts ohne Bindemittelzusatz bei Preßdrücken von 3oo bis mehr als 2ooo kp/cm^2 aus feinkörnigen Erzen und Eisenträgern hergestellt werden, die wie tonhaltige Eisenerze oder Rotschlämme von sich aus eine ausreichende Plastizität und Abbindefähigkeit besitzen [48-51]; in allen anderen Fällen wird dieses Verfahren unwirtschaftlich, da sinkende Plastizität und Abbindefähigkeit stärkere Pressen voraussetzen. Sollen hocheisenhaltige Erze oder Konzentrate durch Auslagern gehärtet werden, müssen neben den Stoffen, die z.B. in der ersten Agglomerationsstufe die Plastizität beim Brikettieren erhöhen, aushärtende Bindemittel zugegeben werden. Diese Bindemittel lassen sich zwischen anorganische und organische Bindemittelzusätze aufteilen [47].

a) organische Bindemittelzusätze

bitumenhaltige Stoffe: Bitumen, Teer, Pech, Asphalt, Sulfitlauge; Kohle.

Die Wirksamkeit der bitumenhaltigen Bindemittel liegt in der Ausbildung hochviskoser Schichten, die die einzelnen Erzteilchen vollständig umschließen. Diese können sich in der ersten Agglomerationsstufe durchdringen und so die Partikel verkleben.

Werden bituminöse Stoffe ausgelagert, so können sich schon bei niedrig erhöhten Termperaturen (5o - 3oo°) die bituminösen Stoffe verflüssigen bzw. teilweise verflüchtigen [52]. Beim Halten auf Rauchtemperatur oder Absenken nach dieser Niedrigtemperaturbehandlung bilden sich feste Brücken zwischen den Erzteilchen.

Sulfitablauge, ein wässeriges Abfallprodukt der Zellulose und Papierproduktion aus Holz, wird z.B. mit etwa 5o % Festanteil und bis zu 3,5 % Schwefel als Bindemittel verwandt. Hierbei können die hochviskosen Adsorptionsschutzschichten bei Auslagerung durch Wasserabgabe oder durch Erwärmen auf höhere Temperaturen die Festigkeit solcher Agglomerate erhöhen [53].

b) <u>Anorganische Bindemittelzusätze:</u>

Eisenerze unterschiedlicher Herkunft, Schlämme, Aschen; basische Zuschlagstoffe: Kalkhydrat, Kalkstein, Dolomit, Magnesiumhydroxyd; Tone und Mergel; Gips und Zement; Schlacke; Wasserglas; Salze und Säuren. Da Kalkhydrat $Ca(OH)_2$ in entwässerter Form als Zuschlagstoff im Hochofen benötigt wird und andererseits dem Produkt eine gute Transport- und Ofenbeständigkeit verleiht, werden Agglomeraten Gehalte von 5 - 25 % zugegeben [54]. Der Bindemechanismus verläuft vornehmlich über die Mörtelreaktion: $Ca(OH)_2 + CO_2 \quad CaCO_3 + H_2O$, die allerdings nur eine langsame Verfestigung bei der Auslagerung durch Bildung kristalliner Brücken aus Kalziumkarbonat bewirkt. Beim Einsatz solcher Briketts in dem Hochofen besteht die Gefahr des vorzeitigen Zerfalls, da $CaCO_3$ bei 8oo° unter Abspaltung von Kohlensäure wieder zerfällt. Der Festigkeitsanstieg bei der Auslagerung kann jedoch nicht nur durch die Mörtelreaktion allein erklärt werden, da auch - wenngleich in geringerem Maß - die Stickstoffatmosphäre einen Einfluß nimmt und somit auf eine kryptokristalline Ablagerung entwässerter Gele hinweist. Ebenso wie Kalkhydrat bewirken auch Säuren und Salze, wie beispielsweise Schwefelsäure, Abfallaugen und Eisensulfat ein zeitabhängiges Abbinden der Erzteilchen durch Entstehen von Festkörperbrücken, und zwar entweder durch Kristallisation aus Lösungen, bei Änderung der Lösungsverhältnisse (z.B. geringer Einfluß der Temperatur), oder durch Abscheidung der Reaktionsprodukte von chemischen Umsetzungen des Bindemittels mit Stoffen, die in der Mischung enthalten sind.

Bei der Vielzahl der Untersuchungen, Eisenoxyde mit Bindemitteln unter Ausnutzung des Zeitfaktors zu verfestigen [55], muß jedoch darauf hingewiesen werden, daß beim Auslagern und Austrocknen sich Entmischungen einstellen können; so können nach Knacke und Pohl [56] in Tonerdepreßlingen mit hohem Salzgehalt (Natriumchlorat, Kaliumnitrat) durch Verdunstungserscheinungen diese nicht statistisch verteilt auftreten, sondern Brückehbildung in der Randzone hervorrufen.

Bei diesen Zuschlagstoffen - als Bindemittel der Auslagerungsfestigung - muß jedoch beachtet werden, daß diese Stoffe nicht nur den Eisengehalt der Agglomerate senken, sondern auch den Hochofengang beeinflussen und zudem einen Einfluß auf die Roheisenqualität nehmen können, die feuerfeste Zustellung angreifen und zumeist zusätzliche Kosten hervorrufen; somit sollten Möglichkeiten erörtert werden, ohne Bindemittel Reinsteisenkonzentrate und hocheisenhaltige Erze zu verfestigen.

1.2. Bindungsmöglichkeiten bei der Brennhärtung (Nutzung des Temperaturfaktors)

Die für die verschiedenen Reduktionsaggregate benötigte Festigkeit erhalten die Agglomerate in den meisten Fällen durch einen Brennprozeß [57]. Bei diesem Härtungsprozeß wird das vorgeformte Agglomerat auf eine Temperatur unterhalb oder bis zur Schmelztemperatur der Eisenoxyde, Gangartanteile und Zuschläge erhitzt; zumeist 1350° [58-59].

Dabei können sowohl rein oxydierende Brennatmosphären verwandt werden, wie auch reduzierende auftreten; beim Brennhärten in Anwesenheit von hohen Anteilen fester Kohlenstoffträger besteht die Möglichkeit, reduzierte Produkte zu erzeugen. Werden jedoch nur ausreichende Anteile an festen Brennstoffen zur Agglomeration zugegeben, so tritt nach Durchlaufen einer Reduktionsstufe eine anschließende Oxydation der Agglomerate auf.

Bei der Untersuchung der auftretenden Bindungsarten als Ursache der Härtung wird zwischen der Agglomerierung von hämatitischen und magnetitischen Ausgangserzen unterschieden. Nach Diskussion dieser Mechanismen wird der Einfluß von kurzzeitig reduzierenden Atmosphären diskutiert und der Einfluß von geringem Gangart- und Zuschlaganteil.

1.2.1. Härten von Hämatiterzagglomeraten

Beim Härten von Hämatiterzagglomeraten müssen erhebliche Wärmemengen zugeführt werden [60]. Tigerschiöld befürchtet daher eine Oberflächenüberhitzung und Zusammenkleben der Agglomerate, da reines Fe_2O_3 erst ab 1300° C rekristallisiert. Nach Povisnev [60] müssen in oxydierender Atmosphäre Temperaturen von 1280 - 1350° C überschritten werden, da bis zu diesen Temperaturen die Ausgangsgröße der Erzteilchen erhalten bleibt. Die von Ridgion, Cohen und Lang [62] veröffentlichten Aufnahmen dieser Agglomerate zeigen, daß die glatten Kristalloberflächen der großen Erzkörner nur geringe Angriffsflächen für eine Diffusionsrekristallisation bieten. So können die feinen Erzteilchen nur an den abgebrochenen Kanten der großen Teilchen anwachsen.

Untersuchungen über das Kornwachstum [31, 63-68] zeigen, daß das Kornwachstum ab 1250° C sehr stark ansteigt; weiterhin besteht ein starker Einfluß des Aufmahlgrades, der auch beim Brennen von Agglomeraten aus magnetischen Erzen und auch bei Agglomeraten mit eingebetteter Kohle [70-72] besteht. Treten keine Einflüsse von Gangart durch Schlackenbildung [73-76] ein, so können die Diffusionsgrundlagen der Rekristallisation der Pulvermetallurgie heran gezogen werden [77] [31]

1.2.2. Härten von Magnetiterzagglomeraten

Beim Härtungsvorgang von Agglomeraten, die aus magnetitischen Erzen hergestellt wurden, wird bei genügendem Sauerstoffangebot und erhöhter Temperatur der Magnetit unter Wärmeabgabe in Hämatit umgewandelt [81-85].

Diese Wärmeabgabe wurde beschrieben beim Brennen von Magnetiterzpellets in oxydierender Atmosphäre im Vergleich zu Versuchen mit Stickstoffatmosphäre [63].

Die möglichen Bindungsarten beschrieb Tigerschiöld [60]; so können einmal bei niedrigen Temperaturen bereits Hämatitbrücken zwischen Magnetitkörnern eine Feststoffbrücke bilden, bei hohen Temperaturen und bleibender oxydierender Atmosphäre wird der Magnetit ganz in Hämatit umgewandelt. Bei nicht ausreichender oxydierender Atmosphäre können auch Magnetitbrücken gebildet werden; bei Anwesenheit von können Schlackenbrücken erwartet werden.

1.2.3. Einfluß von reduzierten Eisenoxyden, Zuschlägen und Gangartanteilen.

Neben der Rekristallisierung von Hämatit und Magnetit, der Oxydation der Magnetite und der Verbindung dieser Oxyde mit Gangart und Zuschlägen können infolge der hohen Termperatur von reduzierenden Atmosphären eine teilweise Reduktion von Hämatit zu Magnetit stattfinden.

Beim Brennhärten oxydieren diese frisch reduzierten Produkte zu höheren Eisenoxyden. Da beim Härten von Agglomeraten die gleichzeitige Vorreduktion nur in wenigen Fällen angestrebt wird [86], kann vorausgesetzt werden, daß eine Aufoxydation eintritt. Oft wird nur die Außenhaut von reduzierten Teilen oxydiert, während der Kern im reduzierten Zustand bleibt.

Eisenoxyde niedrigerer Oxydationsstufe können auch durch Dissoziation gebildet werden, beim Verbrennen des Festen Brennstoffs in Gegenwart der Eisenoxyde sinkt der Partialdruck des Sauerstoffs stark ab, und eine Dissoziation des Eisenoxyds kann bei den hohen Temperaturen um 1350° erfolgen [87].

Der Einfluß dieser Reduktions- und Dissoziationsprodukte auf das Bindeverhalten zeigt sich vornehmlich in der Herabsetzung des Schmelzpunktes dieser niedrigen Eisenoxyde mit Zuschlägen und Gangartstoffen.

Während Reinstkonzentrate aus Hämatit- oder Magnetiterzen bei den Temperaturen um 1350° noch keine Schmelzflußerscheinungen zeigen, können so Eisenoxyde in schmelzflüssige Form überführt werden.

Eutektische Temperaturen aus dem Erstarrungsdiagramm eisenoxydreicher Schlacken nach Oelsen betragen z.B.:

$FeO - Na_2O$: 950° C; $FeO - CaO$: 1075° C; $FeO - CaO - SiO_2$: 1160° C; $FeO - SiO_2$: 1175° C; $FeO - 2\,CaO - SiO_2$: 1260° C.

Beim Abkühlen dieser Schmelzen kristallisieren diese in Form von Dendriten oder skeletartigen oder vollausgebildeten Kristallen aus [88]; es treten daneben auch Fe-haltige Gläser auf.

Schlackenbrücken können auch zwischen Hämatit und Gangart entstehen und feste Brücken bilden [89], weiterhin können durch die gebildete flüssige aus der Gangart Eisenoxyde transportiert werden und Verbindungen schaffen [90].

1.2.4. Allgemeine Bindungsvorgänge

Sollen Konzentrate und hocheisenhaltigen Erze in Agglomerate überführt werden und kann keine Aufoxydation und damit verbundene Brückenbildung vorausgesetzt werden, tritt neben der Schmelzflußbindung nur die Umkristallisation der Eisenoxyde ein.

Da reines Fe_2O_3 erst bei 1583° C und P_{O_2} = 1 kg/cm² [91] eine Oxydschmelze bildet, aus der nach dem Erstarren ein kompakter zusammengeschmolzener Körper entstehen würde, kann diese Bindungsart bei den üblichen Brenntemperaturen nicht eintreten.

Daber kann die Verbindung der Eisenoxydteilchen nur auf schmelzfreie - wie bei schwarzgebranntem Sinter - Tritt- und Sintervorgänge beruhen [88], die sich als Rekristallisationserscheinungen zeigen und auf Platzwechselvorgängen der Atome beruhen [92].

Die Zahl der Platzwechsel erreicht kurz vor dem Schmelzpunkt ein Maximum und nimmt mit sinkender Temperatur stetig ab. Bei Metallen werden die Platzwechselvorgänge bei 1/3 der Schmelztemperatur unmerklich, bei 2/3 der Schmelztemperatur beginnt das Zusammenwachsen eines Metallpulvers [93]. Auf Fe_2O_3-Agglomerate übertragen, müßte bei 1050° C die Verbindung der Teilchen einsetzen, wie es beim Brennen der Agglomerate auch wirklich geschieht.

Weitergehende Untersuchungen über den Sintermechanismus von feinkörnigen Materialien [94-96, 31] erbrachten eine auf Fe_2O_3 umgerechnete Systematik.

Die durch einen Brennvorgang bei ca. 1200° C verursachten Festigkeiten von Konzentratagglomeraten beruhen auf einem Kristallisationsvorgang, der über die Gitterdiffusion abläuft. Erst oberhalb 1250° C kann eine Verbindung infolge Verschmelzen der Teilchen auftreten. Kristallisation- und Schmelzvorgänge, verbunden mit viskosen Fließen, müssen aber getrennt betrachtet werden, da sie verschiedene mechanische Eigenschaften in den behandelten Materialien hervorrufen. Für die Festigkeit eines Kornverbandes im Agglomerat ist nicht nur die Temperatur, sondern auch die Haltezeit bei dieser Temperatur verantwortlich. Frenkel [97] legte diese Erkenntnis im Halswachstum dar, während Kuczinsky [98-100] den Sintermechanismus durch zwei aneinandergelegte Kugeln, die einer bestimmten Temperatur ausgesetzt waren, beschrieb. Je schneller sich zwischen den beiden ein verbindender Hals bildet, um so mehr muß ein viskoses Fließen eingetreten sein, das nach Björling verantwortlich im schwarzgebrannten Sinter ist [101]. Bei Ausbildung von nur schwachen Verbindungen liegt eine Oberflächendiffusion [102, 103]. Beeinflußt wird dieser Vorgang aber auch von der Größe der Teilchen. So kann bei kleinen Teilchen schon bei relativ geringen Temperaturen eine Diffusionsverbindung eintreten. Der Einfluß der Festigkeitssteigerung vom hohen Aufmahlgrand wurde von Herrig über die intensive Oberflächendiffusion erklärt [104].

Das Zusammenwachsen zweier Kristallite in einem Kornverband eines Agglomerats kann somit durch die Diffusion einzelner Atome der Oberfläche und aus dem Gitterverband erklärt werden, da die Temperaturen für eine Schmelzflußbildung zu niedrig sind, die Haltezeiten genügend lang und

und auch genügend kleine Teilchen vorhanden sind.

Wählt man eine zu hohe Temperatur, oder ist bei niedrigen Temperaturen die Haltezeit zu lang, fällt die Festigkeit des Agglomerates. Dieser Vorgang wird durch Grobkornbildung hervorgerufen, die bei hohen Temperaturen durch viskoses Fließen und bei niedrigen Temperaturen aber langen Haltezeiten durch Oberflächen- und Gitterdiffusion verursacht wird.

1.3. Einfluß der Morphologie und Genesis der Erze und Konzentrate.

Während der Einfluß der Gangartanteile und Zuschlagstoffe in der Literatur wie oben bereits erörtert intensiv diskutiert wurde, finden sich nur wenige Veröffentlichungen, die dieses Thema behandeln; zumeist wird global das Verhalten von Erzen in der ersten und zweiten Agglomerationsstufe z.B. im Gra d der "Pelletierbarkeit" festgelegt, ohne auf einzelne Zusammenhänge einzugehen. Einen Diskussionsbeitrag ist in der Arbeit von Ridgion, Cohen und Lang [62] zu sehen, in der über das Verhalten glatter Erzoberflächen im Vergleich zu den Kanten der Erzteile beim Anwachsen feiner Erzteilchen berichtet wird; aus ihr läßt sich schließen, daß rauhe Oberflächen ein besseres Zusammenwachsen erwarten lassen. Die unterschiedliche Kristallisation der Erzteilchen im Inneren wird ebenfalls mit einbeschlossen.

F. Versuchsdurchführung

1. Versuchs- und Meßgerätebeschreibung
Härten der Agglomerate

Das Härten der Agglomerate erfolgte in einem Brennkammerofen, der aus einem fahrbaren Brenntischwagen bestand, durch den die Brenngase abgeleitet wurden [31]. In diesem Brennkammerofen konnten neben einzelnen Agglomeraten Mengen bis zu 5o kg gehärtet werden.

Um den Einfluß verschiedenartiger Atmosphären zu untersuchen, wurden Agglomerate in einem waagerecht stehenden Tammannofen innerhalb einer Keramikmuffel mit gleichen Aufheizzeiten und Brennzeiten wie im Brennkammerofen gehärtet. Die Temperaturüberwachung erfolgte durch Thermoelemente; zum Einsatz konnten einzelne Grünpellets gelangen, wie auch Mengen bis zu einem halben Kilogramm.

1.1 Bestimmung der Druckfestigkeit

Die Druckfestigkeit der gebrannten Agglomerate wurde in einer hydraulischen Presse bestimmt; die Lastbereiche konnten durch Umschalten von 0 - 2oo kg oder von o - 2 to gewählt werden. Zwischen zwei Stahlplatten wurde mit einer bestimmten konstanten Belastungsgeschwindigkeit die Probe bis zum Zerbrechen belastet. Die beim Bruch auftretende Last ergab die zugehörige Druckfestigkeit.

2. Versuchsergebnisse

2.1. Einfluß der Brenntemperatur bei Erz und Konzentratpellets

In den Untersuchungen der Festigkeitssteigerung von Grünpellets durch Brennhärten im Kammerofen zeigte es sich, daß der Zusammenhalt der Erzteilchen im Agglomerat durch steigende Temperaturen zunächst zunimmt, einen Maximalwert erreicht und danach wieder abfällt. Dieses konnte an verschiedenen Erzen nachgewiesen werden [31]

In den Abbildungen 18 - 19 werden die Brennfestigkeitswerte von Pellets aus natürlichen Erzen nach ihrem Grünfestigkeitsverhalten (siehe Teil D) geordnet. In der Abbildung 18 ist für drei türkische Erze, Kesikköprü, Divrik A. und Adana-Feke, die Brennfestigkeit als Funktion der Härtungstemperatur aufgetragen. Es zeigt sich, daß die größte Brennfestigkeit in einem Temperaturinterwall von 12oo bis 13oo° erreicht wurde, wobei die Brennfestigkeit von Kesikköprü mit über 5oo kg/Pellet fast doppelt so hoch liegt wie bei Divrik A.

Adana-Feke erreicht seine maximale Brennfestigkeit bei 13oo° mit ca. 2oo kg/Pellet.

Im Vergleich dieser Abbildung 18 mit der Abbildung 7 (Teil D) der Grünfestigkeit dieser kugeligen Erze zeigt es sich, daß die Kurven nach dem Brennen weit auseinander liegen, während sie im Grünfestigkeitsverhalten, bedingt durch ihre Kornform, fast gleiche Maximalwerte erreichen. Der Feinanteil übt nicht den erwarteten Einfluß aus, da Kesikköprü mit 57 % < 45 µ geringere Festigkeitswerte erbringt als Divrik A. mit 95,4 % < 45 µ.

Abbildung 19 zeigt den Verlauf der Brennfestigkeit über der Brenntemperatur der vier Erze: Hasancelebi, Kangal, Hekimhan und Edremit. Es ist festzustellen, daß die Erze Hasancelebi, Hekimhan und Edremit ihre maximalen Brennfestigkeiten bei 13oo° erreichen, während das Erz Kangal seinen höchsten Wert bei 12oo° C erhält. Die höchste Brennfestigkeit liegt bei Kangal und Edremit knapp über 2oo kg/Pellet, während Hasancelebi mit ungefähr 26o kg/Pellet den höchsten Wert der vier Erze erreicht. Die maximale Brennfestigkeit für Hekimhan erreicht nicht ganz die 2oo kg/Pellet-Grenze.

Auffallend ist der Temperaturverlauf des Erzes Kangal, das bei 1oo° niedrigerer Temperatur seine maximale Festigkeit erzielt, während die Grünfestigkeitswerte dieser plättchen- und stäbchenförmigen Erze mit fast gleichem Feinanteil und Porosität, wie aus Abbilung 6 zu erkennen ist, im gleichen Bereich der übrigen Erze seine maximale Grünfestigkeitswerte erzielte. Die Erze Hekimhan und Kangal, die beide durch Anreicherung als Verwitterungsprodukte des pri mären Siderit-Erzes entstanden sind, besitzen einen unterschiedlich hohen Gehalt an Goethit und Hämatitanteilen.

Abbildung 2o gibt den Verlauf der Brennfestigkeitswerte als Funktion der Brenntemperatur für die Erze Balikesir, Sakarya und Divrik C. wieder; trotz etwa gleicher Maximal-Grünfestigkeit, bedingt durch die plättchenhafte Kornform, wie in Bild 8 zu sehen ist, zeigen die maximal erreichten Brennfestigkeitswerte erhebliche Unterschiede. Balikesir und Divrik C. erreichen ihren Höchstwert bei 5oo kg/Pellet bzw. 25o kg/Pellet, während der entsprechende Wert der Festigkeit für Sakarya zu niedrigen Temperaturen von 125o° verschoben ist und mit 35o kg/Pellet in der Festigkeit erheblich unter dem Wert des festesten Agglomerats aus Balikesir liegt.

Beim Vergleich der Erze Venezuela, Nigde und Anamur in Abbildung 21 zeigte sich die höchste Brennfestigkeit beim Venezuela-Erz bei 13oo° C mit über 300 kg/Pellet. Nigde und Anamur erhielten ihre Maximalfestigkeit bei 1250° und erreichten Höchstwerte, die knapp oberhalb bzw. unterhalb von 100 kg/Pellet-Brennfestigkeit liegen.

Es ist aus diesen vier Bildern zu ersehen, daß sich die Brennfestigkeiten innerhalb der einzelnen Kurvenscharen stark unterscheiden und eine Zuordnung nach Größe ihrer Grünfestigkeit nicht möglich ist.

Im Bild 22 ist der Verlauf der Kurven der Pellets aus Kesiköprü und Balikesir dargestellt, die die höchsten maximalen Brennfestigkeitswerte erzielten. Beide Erze bestehen sowohl aus Fe_3O_4 als auch aus Fe_2O_3, jedoch mit unterschiedlichen Gehalten. Weiterhin liegen verschiedenartige Gangartanteile mit unterschiedlichen Prozenten in diesen Ausgangserzen vor. Da die Brückenbildung durch Oxydation des Fe_3O_4 zu Fe_2O_3 hervorgerufen wird und diese Verbindung bei niedrigen Temperaturen eintritt, könnte im entsprechenden Gehaltsunterschied eine Erklärung zu suchen sein.

Es zeigt sich aber, daß die Teilchenform, die Korngröße, der chemische Gehalt und auch der Oxydationsgrad keinen eindeutigen Einfluß ausüben.

In der Abbildung 23 werden die Festigkeiten der Agglomerate aus den Erzen Kangal und Divrik dargestellt; diese Pellets erreichten maximale Festigkeiten bei 1200° C.

Die Kornform wird bei Divrik A. mit kubisch kugelig und bei Kangal mit plättchenförmig und sternförmig angegeben. Der Feinanteil zeigt zwar entsprechend den unterschiedlichen Festigkeitswerten einen Einfluß, jedoch kann die niedrige maximale Brenntemperatur damit nicht erklärt werden.

Im Vergleich zu diesem Bild ist in der Abbildung 24 der Einfluß der Brennfestigkeit für 5 verschiedene Erze angegeben, deren Maximalwerte bei 1300° C liegen. Es zeigt sich, daß diese alle eine mehr oder weniger plättchen- und stäbchenförmige Kristallstruktur aufweisen und einen gleichgroßen Feinanteil besitzen. Venezuela erreicht mit über 300 kg/Pellet den höchsten Brennfestigkeitswert. Die Festigkeiten der Erze Hasancelebi, Divrik C. und Edremit liegen dicht beieinander, die Unterschiede oder das gleichartige Verhalten könnte auch durch die Verschiedenheit der Gangartkonzentrationen oder die Übereinstimmung bedingt sein. Hekimhan hat weiterhin einen sehr großen Anteil an chemisch gebundenem Wasser, dessen Entweichen beim Aufheizen den Abstand der Kristalle voneinander vergrößert, daß zu einer Brückenbildungserschwerung beitragen könnte.

Im vergleichenden Betrachten der letzten drei Bilder mit den unterschiedlichen Kurvenzügen läßt sich festlegen, daß keine Übertragung der Erwartungen aus dem Grünfestigkeitsverhalten auf die Brennfestigkeit möglich ist. Auch der ausschließliche Einfluß des Feinanteils konnte nicht zu eindeutigen Einflüssen herangezogen werden. Die Gangartanteile und auch der Oxydationsgrad ließen keine endgültige Zuordnung zu.

2.2. Einfluß der Brenntemperatur auf synthetische Eisenoxyde

Die synthetischen Eisenoxyde mit unterschiedlicher Kristallform und fast gleicher Siebanalyse wurden ebenfalls bei verschiedenen Brenntemperaturen gehärtet; die Brennzeiten wurden bei diesen Versuchen gleichgehalten.

In der Abbildung 25 sind die Festigkeitswerte als Funktion der Brenntemperatur der vier typischen morphologisch unterschiedlichen Reinoxyde aufgetragen. Es ist erkennbar, daß die Teilchenform mit der höchsten Grünfestigkeit der Pellets (feinkristallines Haufwerk), wie in Gegenüberstellung zu Bild 4 (Teil D) sichtbar ist, nicht die maximale Brennfestigkeit erreicht.

Diese Tatsache kann nur durch die unterschiedlichen Bindungsmechanismen im Grün- und gebrannten Agglomerat und die beeinflussenden Faktoren zu erklären sein.

Auffällig ist die hohe Brennfestigkeit des Oxyds mit nadeliger Kristallstruktur, die um mehr als 2oo kg/Pellet höher liegt als bei kubischer Kristallform.

Da es sich bei allen vier Oxyden um reine Eisenoxyde handelt, kann die Bindung nicht durch Gangart- oder Zuschlagstoffe beeinfluß sein.

2.3. Mischerze

Um den Einfluß der verschiedenen Parameter, die in den vorigen Kapiteln diskutiert worden sind, auszunützen, wurden Mischungen verschiedener Konzentrate und Erze hergestellt, und diese zu Agglomeraten geformt und gehärtet . Bekannt ist, daß Erze mit günstigen Eigenschaften in schlecht pelletierbarem Material Verbesserungen der Brennfestigkeit hervorrufen können [8o]. Bei Mischungen aus 2, 3 und 4 Komponenten konnte nachgewiesen werden, daß weiterhin ein Zusammenspiel unterschiedlicher Erze günstigen Einfluß auf die Festigkeit ausüben wird. Es wurde angenommen, daß einzelne Erze als Stimulator auf andere wirken können und somit die günstigen Eigenschaften dieses ersten Zumischerzes noch weiter erhöhen. Ebenso konnte jedoch der Fall eintreten, daß sich durch Vermischen mehrerer Erze sogar Festigkeitsverluste gegenüber dem Monoerz einstellten. In der Abbildung 26 werden die Erze Venezuela und Kiruna als Mischerzpellets zusammengeballt und gehärtet. Es zeigt sich, daß gegenüber dem Grünfestigkeitsverhalten, bei dem die Venezuela-Pellets die maximalen Grünfestigkeitswerte erbrachten, nach dem Brennen die Agglomerate aus Kiruna-Erzen eine höhere Festigkeit aufwiesen.

2.4. Schalenförmig aufgebaute Agglomerate

In vorausgegangenen Versuchen konnte nachgewiesen werden [31], daß durch Erhöhung des Feinanteils die Pelletierfähigkeit eines Erzes verbessert werden kann, ohne daß Härtungsmittel zugegeben werden müssen. Um die Mahlkosten gering zu halten, wurde in diesen Versuchen ein Teil eines Labradorkonzentrates aufgemahlen und als Schale um einen Kern mit geringerem Feinanteil aufpelletiert.

Dabei zeigte es sich, daß diese Schalenpellets mit einem geringen Gesamtfeinanteil sich wie Pellets verhielten, die völlig den Feinanteil besitzen, den hier nur das Schalenmaterial enthielt.

Um den Einfluß unterschiedlicher Ausgangsstoffe in Schalenpellets zu studieren, wurden sie bei der Herstellung von Grünpellets mit verschiedenen Materialien im Verbund hergestellt. Dabei zeigte sich ein Problem, das als typisch vorgestellt wird mit Kiruna- und Venezuela-Erzen. In Versuchsreihen wurden Schalenpellets mit Venezuela-Erz als Kern und Kiruna als Schalenmaterial hergestellt, die nach Durchlaufen der ersten Agglomerationsstufe in der zweiten bei Härtungstemperaturen von 1ooo, 11oo und 12oo° C verfestigt wurden. Ähnlich wie bei den Versuchen der ersten Agglomerationsstufe besaß der Kern aus Venezuela in verschiedenen Sorten eine unterschiedliche Größe von 9 mm, 7 mm, 5 mm und 3 mm. Es zeigt sich, daß schon bei einer Brenntemperatur von 11oo° Risse in den Schalen entstanden, und daß bei einer Erhöhung der Temperatur auf 12oo° ein Platzen aller Schalenpellets zu beobachten war, siehe Abbildungen 27 und 28.

Aus diesem Grunde war es nicht möglich, die Punktdruckfestigkeit der bei 12oo° gebrannten Schalenpellets zu ermitteln, siehe Abbildung 28. Die offensichtlich unterschiedlichen Ausdehnungen der Erze während des Brennvorgangs bewirkten das Platzen der äußeren Kiruna-Schale; der Venezuela Kern dehnt sich mehr aus als die Kiruna-Schale, dies führt zu einem Bruch des Agglomerats durch Druckkräfte. Es können somit keine eindeutigen Festigkeitskurven aufgestellt werden. In der Abbildung 29 enden daher die Kurven mit dickeren Kiruna-Schalen auf dem Venezuela-Kern bereits bei 11oo°, während die Pellets aus reinem Venezuela-Erz oder aus fast reinem Kiruna-Erz, denen nur ein Kern mit 3 mm Venezuela-Erz eingebettet worden war, bei 12oo° noch Festigkeitsuntersuchungen zuließen.

In Gegenüberstellung wurden in einer weiteren Versuchsreihen Schalenpellets mit Kiruna als Kern und Venezuela als Schale erzeugt, die auch bei hohen Brenntemperaturen keine Risse zeigten. Die Festigkeitsuntersuchungen dieser Pellets erbrachten jedoch keine eindeutigen Abhängigkeiten und dieses ist darauf zurückzuführen, daß sich die Schale beim Brennen vom Kern löst und dadurch ein Schwimmen des geschrumpften Kerns innerhalb der Venezuela-Schale verursacht.

In der Abbildung 3o ist dieses Abtrennen der Schale vom Kern deutlich zu beobachten, daß sowohl auf einen Schrumpfungsvorgang des Kiruna-Kerns zurückgeführt werden kann, oder auf ein übermäßiges Ausdehen der Venezuela-Schale. In Bild 31 werden die Festigkeitsverhältnisse der Schalenpellets mit Kern Kiruna und Schale Venezuela aufgetragen.

Es zeigt sich hier, daß die Festigkeiten durch das Loslösen des Kerns vom Schalenmaterial stark beeinflußt werden.

Vergleicht man weiterhin das Festigkeitsverhalten der Schalenpellets und Mischerzpellets aus Kiruna und Venezuela der zweiten Agglomerationsstufe mit dem Verhalten der Mischerze und Schalenpellets der ersten Agglomerationsstufe, so ist eindeutig eine Umkehr der optimalen Festigkeitswerte von Venezuela und Kiruna zu erkennen.

Während Venezuela-Pellets im grünen Zustand höhere Festigkeitswerte erbrachten ohne Zusatz von Kiruna sowohl in der Mischung und auch als Schalenpellets gegenüber den reinen Kiruna-Pellets, zeigt sich beim Härten in der zweiten Agglomerationsstufe die weitaus höhere Festigkeit der Kiruna-Pellets.

Hinzuweisen ist weiterhin auf die Tatsache, daß in der ersten Agglomerationsstufe Schalen von gut pelletierbarem Material die Festigkeit des Gesamtpellets erhöhen. Dies trifft bei den Schalenpellets in der zweiten Agglomerationsstufe nur in den Fällen zu, wo zwischen der Schale und dem Pelletkern keine großen Spannungen auftreten.

So konnte durch Anpelletieren einer Schale aus gleichem Material mit höherem Feinanteil oder aus Material mit gleichem Ausdehnungs- oder Schrumpfungsverhalten sowohl in der ersten wie auch in der zweiten Agglomerationsstufe die Festigkeit gesteigert werden.

In der Abbildung 32 ist zu erkennen, daß die günstigen Festigkeitseigenschaften von reinen Kiruna-Pellets durch Einbetten eines kleinen Kerns von Venezuela in ihrem Festigkeitsverhalten stark verschlechtert werden.

Auch das Festigkeitsverhalten bei höheren Brenntemperaturen von 11oo° zeigt in Abbildung 33 diesen Einfluß des Festigkeitsverlustes durch Einbetten eines stark schwellenden Kernes. Interessant jedoch ist die Tatsache, daß das Einbetten von Kiruna-Kernen in Venezuela-Pellets eine Festigkeitssteigerung hervorruft. Im Bereich der Zusammensetzungsverhältnisse von 1 : 1 von Kiruna zu Venezuela-Erz -bezogen auf das Gesamtagglomerat- zeigte es sich, daß die an sich schlecht härtbaren Venezuela-Pellets mit einem Kern aus Kiruna eine Festigkeitssteigerung erhielten. Ist der Kern des festigkeitssteigernden Materials im Innern jedoch zu klein, kann auf diese Möglichkeit nicht zurückgegriffen werden.

Durch das Herausheben dieser Verhältnisse wird klargelegt, daß im Gegensatz zur ersten Agglomerationsstufe nicht ein gut agglomerierbares Erz, angereichert in der äußeren Schale, auch Verbesserungen der Festigkeit hervorrufen muß.

Eine Möglichkeit bei geringen Unterschieden im Ausdehnungskoeffizienten besteht darin, nicht nur eine Schale, sondern mehrere Schalen nacheinander auf einen Kern aufzubringen, die steigende Gehalte des festigkeitserhöhenden Materials mit dem unterschiedlichen Ausdehnungsverhalten besitzen.

G. Diskussion der Ergebnisse

1.1. Diskussion der Ergebnisse der primären Agglomeration Einfluß des Wassergehaltes auf Grünpellets

Beim vergleichbaren Betrachten des Kurvenverlaufs: Punktdruckfestigkeit als Funktion des Wassergehaltes oder des Flüssigkeitsfüllungsgrades zeigte es sich, daß bei rolliertem Material (Grünpellets wie auch rolliertes Gut mit eingebettetem Brennstoff) und Filterformlinge (zum Brennen im Brikettierbrennofen oder bei der Eisenerzinterung) ein Maximum an Festigkeit erreicht wird, wenn ca. 8o % des Porenraumes mit Wasser gefüllt ist.

Beim Austrocknen von rolliertem Material, das mit Wassergehalten hergestellt worden war, das optimale Bedingungen beim Rolliervorgang erwarten ließ, erreichten alle Agglomerate zunächst nur geringe Grünfestigkeitswerte. Bei einem Wasserentzug stieg die Festigkeit bis zu dem Maximalwert an und fiel, nach Überschreiten dieser höchsten Festigkeit wieder ab bis zu den Minimalwerten der Trockenfestigkeit.

Auch beim Zugeben von Wasser zu feinkörnigen, wasserfreien Agglomeraten stieg die Festigkeit zunächst bis zu einem Maximalwert an, der zwar nicht den des Austrocknens erreichte und fiel nach Überschreiten dieses Wassergehaltes wiederum ab.

Zur Diskussion der Bindungsmechanismen in den Agglomeraten der ersten Stufe können die Kurven in vier verschiedene Bereiche aufgeteilt werden.

Bereich 1 mit hohem Wassergehalt:

Beim Herstellen von Sinterrohmischung wurde festgestellt, daß zu hohe Wassergehalte beim Durchmengen zum Verklumpen neigen und keine Krümelbildung eintreten lassen.

Beim Herstellen von rolliertem Material erwies es sich als günstig, verhältnismässig hohe Wassergehalte zum Pelletieren aufzubringen, da dann die Rolliereigenschaften im Pelletierteller günstig waren, jedoch beim Überschreiten dieses Wassergehaltes zeigten sich auch hier Verklumpungen und Ansätze im Pelletierteller.

Im Extremfall liegen somit in diesem Bereich einzelne Erzteilchen in einer Flüssigkeit vor; die Bindungskräfte entsprechen denen eines Wassertropfens; es wirkt nur die Oberflächenspannung des Wassers, diese wird durch Van der Walls'sche Kräfte erklärt, da die Moleküle an der Oberfläche eine größere potenzielle Energie besitzen als im Inneren, da diese sich dort aufheben.

Erzteilchen in solch einem Flüssigkeitstropfen können nicht als Agglomerat angesprochen werden, da ein Tropfen nur in der Schwebe bestehen bleiben wird.

Wird in diesem Bereich, z.B. dem Konzentratslurry Wasser entzogen, so bilden sich Agglomerate, die, selbst wenn sie nebeneinander liegen, nicht ineinander übergehen. Die Austrocknung wird bei der Sinterung durch Handproben soweit getrieben, daß die Erzteilchen in den Agglomeraten zusammenhängen, sich Krümel bilden, jedoch keine großen verklumpten Agglomerate; angestrebt wird hier ein Wert 6o - 8o % der Sumpfnässe.

In diesem Bereich von in Wassertropfen eingebetteten Erzteilchen über die Schlammgrenze des Erzslurries bis zum Wert 6o % der Sumpfnässe, erreichen Agglomerate nur geringe Druckfestigkeitswerte. Aus der Meßmethode der Druckfestigkeitswerte ist auch zu erklären, daß die Sturzfestigkeitswerte in diesem Bereich Maximalwerte erzielen können; als Druckfestigkeitswert wird der Wert angenommen, bei dem das Agglomerat zwischen zwei Platten seine Ursprungsform verliert, sei es durch Rißbildung oder plastische Verformung. Bei den Sturzfestigkeitswerten wurden jedoch verformte Pellets noch als positiver Anteil mitgerechnet, nur wirklich zerbrochene Pellets wurden ausgeschieden.

Der Anstieg der Druckfestigkeitswerte und Abfall der Sturzfestigkeitswerte wird durch verschiedene Einflußgrößen verändert, die in den entsprechenden späteren Gebieten diskutiert werden.

In diesem Bereich können die im folgenden verantwortlichen Kapillarkräfte zwischen den einzelnen Teilchen noch nicht wirken. Dieses zeigt sich auch in einem Versuch, bei dem in Pellets mit zu hohem Wassergehalt Glaskapillaren unterschiedlichen Durchmessers eingesteckt wurden. Alle Kapillaren füllten sich sofort mit der Flüssigkeit des Agglomerats in dem gleichen Maße, als ob die Glaskapillaren in eine Flüssigkeit hineingehalten worden wären.

Bereich 2 mit Wassergehalten maximaler Festigkeit:

In diesem Bereich werden beim Austrocknen der Agglomerate die Maxima der Druckfestigkeitswerte durchlaufen; bei den Versuchen der Bestimmung der Sturzfestigkeit liegen Pellets vor, die unzerbrochen Stürze aus bestimmten Höhen ertragen können, ohne ihre Form zu verändern. Diese Festigkeit beruht auf den Kapillarkräften im Innern des Agglomeratverbandes; bei Verwendung dieses Modells läßt sich eine Berechnung der Druckfestigkeitswerte durchführen.

Um diese Maximalwerte zu erreichen, müssen im inneren Verband der Erzteilchen des Agglomerats mit Wasser gefüllte Zwischenräume vorhanden sein, die als Kapillaren wirken können; so wurde z.B. festgestellt, daß zu grobe Mineralien sich nicht rollieren lassen und auch beim Filtervorgang keine Agglomerate entstehen; die Durchmesser der Hohlräume zwischen den Erzteilchen waren so groß, daß das eingebettete Wasser sich durch die Erdbeschleunigung am Boden des Agglomerats ansammelte und das Agglomerat seine Festigkeit verlor.

Wird dagegen ein Kornverband mit Poren geringen Durchmessers, die zunächst mit Wasser gefüllt sind, ausgetrocknet, so wird zunächst das Wasser durch das Agglomerat hindurch transportiert [105].

Beim Austrocknen der Oberfläche bildet sich ein Trockenspiegel aus; danach wird die Feuchte in flüssiger Form an die Oberfläche transportiert; gelangt durch Dampfdiffusion durch die trockene Schicht und wird an die Atmosphäre abgegeben.

Der bis zu diesem Punkt sich einstellende Beharrungszustand herrscht so lange an der Oberfläche eines grobkapillaren Gutes, bis aus dem Inneren die verdunstende Menge nachgefördert werden muß; es herrscht Sattdampfdruck. Die Trocknungsgeschwindigkeit, die bis zu diesem Punkt konstant bleibt, fällt im folgenden Abschnitt ab.

Bevor in diesem zweiten Abschnitt der Trockenspiegel-das ist die Fläche im Inneren des Gutes, an der im Wesentlichen die Verdunstung bei der Verdampfungstemperatur der Gutflüssigkeit stattfindet, tiefer unter die Oberfläche wandert, zeigen sich im Gesamtkornverband die Maximalfestigkeitswerte. Da im Innern des Agglomerats vorausgesetzt werden kann, daß Makro- und Mikroporen in Verbindung stehen und auch an der Oberfläche verschiedene Größen von Poren vorliegen, wird beim Verdampfungsvorgang [106] z.B. beim Betrachten zweier widerstandslos miteinanderverbundener Kapillaren unterschiedlichen Durchmessers zunächst nur eine Verdunstung am Miniskus der engeren Kapillare stattfinden, da bei jedem Trocknungsgut die Zahl der feinen Kapillaren wesentlich größer ist als die der groben Kapillaren und die Verdunstung an der Oberfläche wegen der großen Verdampfungsgeschwindigkeit des Wassers nicht in entscheidendem Maße von der Zahl der größeren Kapillaren abhängt. Ausgehend von einer ebenen Wasseroberfläche an beiden Kapillarenden wird beim Verdunsten zunächst das Wasser aus der Kapillare mit dem größeren Durchmesser nachgesaugt. Je mehr der Miniskus der größeren Kapillare zurücktreten muß, um so stärker wird der Miniskus der kleineren Kapillare durchgebogen. Die Saugkraft in der Kapillare mit dem geringeren Durchmesser wächst bis zu einem Höchstwert (- die Auslastung des Miniskus -). Danach wird beim Verdunsten ein Knickpunkt auftreten, wenn nämlich der Miniskus der größeren Kapillare eine Tiefe erreicht hat, die so groß ist, daß der verfügbare kapillare Zug zur Überwindung der Reibung in der größeren Kapillare verbraucht wird. Die anfängliche Trocknungsgeschwindigkeit kann somit nicht mehr aufrechterhalten werden. Die Zugkraft innerhalb der Kapillaren bewirkt im Agglomerat eine Festigkeit, die noch dadurch vermehrt wird, da die Wände der Kapillaren beweglich sind und sich so unter Wirkung dieser Kraft die Durchmesser der Kapillaren verringern können.

In diesem Bereich kann die Festigkeit in erster Annäherung mit $P_k = 2\,\gamma / p$ [10] angegeben werden und durch Einsetzen eines mittleren Porenradius m = r/2 als hydraulischen Porenradius berechnet werden, da $m = \varepsilon / S \cdot P_w \cdot (1 - \varepsilon)$ angegeben wird.

In dieser Betrachtung wird vorausgesetzt, daß die Flüssigkeitsoberfläche in den Poren eine Kugelfläche einnimmt. Dies kann bei verschiedenartig geformten Erzteilchen nicht erwartet werden; zudem wird die Gesamtoberfläche als ermittelbar angesehen.

Bei einer mathematischen Bestimmung der Oberfläche wird üblicherweise die Kornform als regelmäßig geometrischer Körper idealisiert und meist führt man das Korn auf eine Kugelform, in seltenen Fällen auf einen Würfel zurück [106].

Unter Verwendung der Kugelgestalt der Körner enthält 1 Gramm eines Haufwerks n_k-Kugeln mit dem Inhalt

$$V_K = \frac{\pi \cdot d^3_K}{6}$$

Die Anzahl der Kugeln beträgt:

$$n_K = \frac{1}{\rho_{Fe} V_K} = \frac{6}{\rho_{Fe} \pi \cdot d^3_K}$$

Für die Oberfläche dieser n_k-Kugeln ergibt sich dann

$$S_K = n_K \pi d^2_K = \frac{6}{\rho_{Fe} d_K}$$

Da die Oberfläche für eine einzige Korngröße in der Praxis der Agglomerierung nicht ausreicht, kann sie mit Hilfe der Rückstand-Summenverteilung in eine Bestimmung der Oberfläche einer Kornverteilung überführt werden. Da nicht für jedes Korn die Oberfläche bestimmt werden kann, werden Kornklassen zusammgenfaßt. Für jede Klasse wird die Oberfläche für den mittleren Klassendurchmesser $d_{K,ai}$ anteilig bestimmt. Der Anteil der Klasse i umfaßt $R_i/100$. Die Oberfläche der Klasse i ist somit

$$S_{K,i} = \frac{6}{\rho \cdot d_{K,ai}} \quad \frac{\Delta Ri}{100}$$

und die Summierung dieser Werte ergibt die Gesamtoberfläche von 1 gr. Haufwerk mit

$$S_K = \sum_{i = K}^{1} \frac{6}{\rho \cdot d_{K,ai}} \quad \frac{\Delta Ri}{100}$$

Zur Bestimmung der wahren Oberfläche ist es jedoch notwendig, die Oberflächenbeschaffenheit eines Kornes zu erkennen. So wurden von Heywood Formfaktoren für einzelne Güter zur Berechnung der Oberfläche bestimmt [106]. So müssen zum Beispiel bei Flugstaub die ermittelten mathematischen Werte mit einem Faktor 2,28 multipliziert werden, bei Glimmer mit 9,27, bei Sand von 1,o3 - 1,4o, bei Quarz von 1,8 - 4,o und bei Kohlenstaublemellen die Faktoren 1o - 1oo eingesetzt werden. Aus diesen Formfaktoren läßt sich ersehen, daß die Bandbreite der Beeinflussung durch die Form der Teilchen sehr groß ist.

Neben dieser mathematischen Bestimmung kann die Oberfläche durch die Relativmessung nach Blaine bestimmt werden [107]. Beim Durchsaugen eines Gases durch eine Schüttung des zu messenden Materials wird die Zeit bestimmt und in Beziehung zur Oberfläche gestellt, die benötigt wird, um eine bestimmte Gasmenge durchzusaugen.

Ausgehend von der Poiseuille'schen Gleichung:

$$V_i = \frac{\pi \cdot i\ Ri^4 \cdot t \cdot P}{8 \cdot n \cdot L}$$

V = Gas oder Flüssigkeitsvolumen, n = Zähigkeit, L = Länge der Kapillare, t = Zeit, P = Druck,

und eine Vielzahl N von Kapillaren ergibt sich

$$V = \frac{N \cdot \pi \cdot p^4 \cdot t \cdot P}{8 \cdot n \cdot L}$$

Nach S aufgelöst lautet die Gleichung dann:

$$S = \sqrt{\frac{e^3 \cdot h_1 \cdot Qman \cdot A \cdot 981}{2 \cdot Q \cdot n \cdot L}}$$

Bei dieser Relativmessung wird vorausgesetzt, daß zwei Proben eines gleichen Materials, gleicher Dichte und spezifischen Gewichtes, sich über folgende Formel durch das Verhältnis ihrer Oberflächen in Beziehung setzen lassen:

$$S_1 = S_2 \sqrt{\frac{t_1}{t_2}}$$

Dieser einfache Zusammenhang ist aber nur anwendbar, wenn die stofflichen Eigenschaften weitgehend übereinstimmen und es muß ein Material bekannter Oberfläche zur Verfügung stehen.

Die Fehlerquellen dieser Methode, z.B. die Zerkleinerung von Teilchen bei zu starker Belastung der mechanisch veränderten Bedingungen in dem Prüfgerät führten zu einer Minderung der Aussagekraft.

Dieser Methode steht die Absolutbestimmung nach Zagar [1o7)] gegenüber. Hierbei werden durch Ermittlung der einzelnen Faktoren die zum Betrag der Oberfläche zusammengefügt wurden, diese bestimmt und somit die Oberfläche errechnet.

Durch die letzteren beiden Methoden kann ein Teil der Unsicherheiten aufgefangen werden, da nicht mehr von einem idealisierten Kugelhaufwerk ausgegangen wird und dieser Wert durch Formfaktoren angepaßt werden muß. Bei der Relativmessung und Absolutbestimmung werden durch das Durchsaugen des Gases durch das zu messende Material auch die Formfaktoren einen Einfluß auf die Geschwindigkeit des Gasflusses ausüben.

Bei der Relativbestimmung kann jedoch nicht beachtet werden, daß in einem Filterrückstand, pelletiertem Material oder einer Sintermischung, die Teilchen verschieden stark durch die mechanischen Kräfte aneinandergelagert werden. Bei dieser Oberflächenbestimmung wird dagegen vorausgesetzt, daß das Pulver in das Untersuchungsgerät gleichartig eingefüllt wurde, und z.B. eine schichtförmige Ausbildung von Nadeln oder plättchenförmigen Strukturen in einem Pellet vermieden wird. Dieses übt aber einen großen Einfluß auf die Kapillarenausbildung aus.

Auch bei der Absolutbestimmung wird nicht ein Bruchstück eines Pellets eingesetzt, sondern die Oberfläche des Ausgangsmaterials bestimmt. Für die Berechnung der Festigkeit des Agglomerats ist jedoch nur der Teilbetrag der Oberfläche von Interesse, der der Kapillarbildung zur Verfügung steht.

Dieser Anteil kann durch Faktoren festgehalten werden, die die Art der Zusammenlagerung der Erzteilchen beeinflussen.

Um der Festigkeitsbestimmung mit Verwendung des Kapillarradius näher zu kommen, wurde unter Ausschaltung des Umweges über die Oberflächenbestimmung und des hydraulischen Porenradius der wahre Kapillarradius in Experimenten versucht zu bestimmen. In ein Agglomerat wurden Glasröhrchen mit unterschiedlichen Durchmessern eingesteckt, die bis zu einer bestimmten Marke mit Wasser gefüllt worden waren. Es wurde angestrebt, den trockenen äußeren Ring des Agglomerats zu durchstoßen, um diese Kapillarröhrchen an den Trockenspiegel heranzubringen, der sich im Agglomerat ausgebildet hatte.

Aus einer Vielzahl von Versuchen konnte nachgewiesen werden, daß in einem Agglomerat mit bestimmter Korngröße oder einem Körnungsband und bestimmter Kornform sich in den angelegten Glaskapillaren verschiedenartige Bewegungen der Wasseroberfläche zeigten. So konnten bei Glasröhrchen mit verhältnismässig großem Durchmesser ein Wassertransport aus diesen Glaskapillaren in das Pellet beobachtet werden, während sich bei sehr dünnen Kapillaren der umgekehrte Wassertransport aus den Agglomeraten in die Glaskapillaren zeigte. Entsprechend dem Aufmahlgrad, der Art der Herstellung der Agglomerate, z.B. als rolliertes Material oder Filterformling, oder auch der mechanischen Beeinflussung dieser

Agglomerate durch Unterdruck oder durch erhöhten Abrollvorgang im Pelletierteller zeigte sich neben diesen beiden Fällen des Wassertransportes in den Glaskapillaren beim Anlegen von Kapillaren mit einem bestimmten Durchmesser kaum ein Transport oder sogar ein Stehenbleiben der Wasseroberfläche in diesen Röhrchen.

Die Durchmesser der verwandten Glaskapillaren ließen sich weder in einem normalen noch Stereomikroskop festlegen, darum wurden diese Glasröhrchen in einem Rasterelektronenmikroskop fotografiert und durch Vergleich mit Stoffen bestimmter Größe die Durchmesser dieser Kapillaren bestimmt.

Beim Einsetzen der Radien in die Formel des kapillaren Unterdrucks und somit der Festigkeit der Agglomerate, konnte eine weitgehende Übereinstimmung mit den gemessenen Werten gefunden werden.

Die Unterschiede in der Benetzbarkeit zwischen den angelegten Glasrohren und den agglomerierten Erzteilchen zeigen sich als nicht so groß, daß sie die Berechnung der Festigkeit beeinflussen; beim Beispiel Venezuela läßt sich beim Vorliegen eines Körnungsbandes sowohl rechnerisch ein Wert von 2,35 kg/cm^2 ermitteln mit dem gefundenen Porenradius von o,oo2 mm, wie auch in der Zerreißmaschine.

<u>Bereich 3 mit mittlerem Wassergehalt</u>

Nach Durchlaufen des Maximums der Druckfestigkeitswerte fallen beim Austrocknen diese wie auch die Sturzfestigkeitswerte bei weiterem Wasserentzug stetig ab.

Die Zugkräfte, die zur maximalen Festigkeit der Pellets beigetragen hatten, verringern sich, da nun auch die festigkeitsbildenden Kapillaren ihren Wassergehalt verlieren. Im Kornverband bilden sich einzelne Brükken aus, die jedoch nicht die Festigkeitswerte erreichen, die durch kapillaren Unterdruck des Gesamtkornverbandes erreicht werden konnten.

Eine Flüssigkeitsbrücke kann eine bestimmte Zugkraft übertragen [1o8]. Diese Zugkraft setzt sich physikalisch aus zwei Anteilen zusammen:

a) eine Haftkraft durch den kapillaren Unterdruck der Brücke und

b) eine Haftkraft infolge der Randkraft an der Berührungslinie fest/ flüssig/ gasförmig, die, durch die Oberflächenspannung der Flüssigkeit verursacht, in Richtung der Flüssigkeitsoberfläche wirkt.

Die Zugkraft ist proportional der Oberflächenspannung, der Teilchendurchmesser, einer Funktion der Zentrierwinkel der Flüssigkeitsbrücke und Randwinkel der Flüssigkeit am Feststoff und des Teilchenabstandes.

Die maximale Kraft einer Flüssigkeitsbrücke wird dann übertragen, wenn der Teilchenabstand O beträgt, d.h. wenn sich die Teilchen berühren.

In dem Bereich mittlerer Wassergehalte werden die Flüssigkeitsbrücken den Zusammenhalt übernehmen und entsprechend dem zugefügten Wassergehalt wird die Zahl der Brücken unterschiedlich hoch sein. Es kann jedoch vorausgesetzt werden, daß an Berührungspunkten der Erzteilchen die verbleibenden Restwassergehalte noch hohe Kräfte des Zusammenhaltens bewirken, da an diesen Stellen die maximale Zugkraft übertragen werden kann. Aus diesen Betrachtungen läßt sich auch der Kurvenverlauf der Agglomerate erklären, die selbst bei geringen Wassergehalten noch Festigkeitswerte aufweisen, die weitaus höher liegen als die Trockenfestigkeit.

Auch in diesem Bereich zeigt sich der Einfluß der Morphologie der zu agglomerierenden Teilchen in der Höhe der unterschiedlichen Festigkeit, hervorgerufen durch die unterschiedliche Zahl der Berührungspunkte. Beim Vergleich der Festigkeitswerte der Eisenoxyde mit denen von Tonerde 1o9) fällt auf, daß die Eisenoxyde auch bei niedrigen Wassergehalten noch verhältnismässig hohe Festigkeit im rollierten Material beibehalten. Die Morphologie wirkt sich in diesem Bereich in der Form aus, daß z.B. Tonerde-Agglomerate bei 4o % Hohlraumfüllung durch Wasser keine Festigkeit mehr besitzen, während Eisenoxyde mit unterschiedlicher Kornform noch ausreichende Festigkeit für anschließende Brenn- und Reduktionsprozesse mitbringen.

Bereich 4 Trockenfestigkeit

Der Wert von Agglomeraten wird oft danach beurteilt, welche Festigkeitswerte sie beibehalten, wenn der gesamte Wassergehalt aus den Agglomeraten ausgetrieben worden ist. Es zeigt sich, daß sowohl die Druck- als auch die Sturzfestigkeitswerte in diesem Bereich sehr gering sind. Da dieses Gebiet beim Brennhärten oft unter hohen Belastungen, z.B. im Drehrohrofen, durchlaufen werden muß, werden Bindemittel zugegeben.

Die Festigkeitswerte beruhen auf Adhäsionskräften, die so gering sein können, daß Agglomerate ohne äußere Krafteinwirkung zerfallen; dies trat ein, wenn Agglomerate aus zu groben Erzstücken zusammengefügt worden waren. Wurde die Zahl der Berührungspunkte und Flächen in einem Agglomerat erhöht - z.B. höherer Aufmahlgrad - oder wird eine verbesserte Aneinanderlagerung der Erzteilchen angestrebt, z.B. durch intensiven Pelletiervorgang, so können bestimmte geringe Festigkeitswerte beibehalten werden.

Werden die Agglomerate bei Raumtemperatur vom Wasser befreit, somit allein durch Auslagern, können in den Agglomeraten noch geringe Wassermengen verbleiben. Wasserdampf kann sich bei vollständiger Benetzung der Erzteilchen auf diesen niederschlagen oder im Agglomerat verbleiben, wenn sich Kapillaren bilden, die einen kleineren Durchmesser als $1o^{-5}$ cm besitzen; in diesem Fall liegt der Abstand der sich gegenüberliegenden Wände so niedrig, daß sich die Wasserfilme verbinden.

Die Festigkeit der Agglomerate mit höheren Wassergehalten wird jedoch nicht durch diese Mikroporen beeinflußt mit einem Durchmesser von ca. $1o^{-7}$ cm 11o), sondern durch die Makroporen, deren Größe ab $1o^{-4}$ cm festgelegt wurde. Jedoch muß der Einfluß dieser Mikrokapillaren beachtet werden, da sich diese bei normaler Temperatur aus der Atmosphäre von selbst mit Wasser füllen. Größere Kapillaren können nur durch Zugeben von Wasser gefüllt werden und durch Auslagern auch wieder vom Wasser befreit werden.

Beim Austrocknen bei höheren Temperaturen, z.B. beim nachgeschalteten Brennprozeß der zweiten Agglomerationsstufe oder unter Reduktionsbedingungen werden diese zusammenhaltenden wenigen Kapillaren vom Wasser befreit und es muß dort mit weiteren Festigkeitsverlusten gerechnet werden.

Die Austrocknungsgeschwindigkeit zeigt sich bei zu schneller Wasserbefreiung in der Bildung von Hohlräumen, Bild 47, verbunden mit Festigkeitsverlusten. In Bild 48 ist zu erkennen, daß an sich schlecht pelletierbare Erze mit sternförmiger Ausbildung bei niedriger Austrocknungstemperatur einen gleichmäßigen Aufbau behalten.

1.2. Festigkeit und Größe der Agglomerate

In den Untersuchungen des rollierten Materials wurde gefunden, daß die Belastbarkeit dieser Agglomerate mit größerem Durchmesser höher liegt gegenüber denen mit kleinerem Durchmesser. Die Abhängigkeit der maximal aufzubringenden Last vom Durchmesser kann mit $P = K \cdot D^2$ angegeben werden.

Wird die Belastbarkeit bei einer Punktberührung zwischen einer Kugel mit einer Platte diskutiert, kann auf die Erörterung dieses Problems mit Stahlkugeln [111)] in erster Näherung zurückgegriffen werden.

Bei dieser Betrachtung mit einer gewölbten Druckfläche $= \pi \cdot a \cdot b$ ergibt sich eine spezifische Belastung mit

$$K_o = P_o/D_1^2 \quad [Kp/mm^2] .$$

Mit zunehmender spezifischer Belastung werden in Kugeln, z.B. Eisenerzagglomeraten und Stahlkugeln, nacheinander verschiedene Spannungszustände hervorgerufen, die schließlich zum Bruch führen.

Als mittlere Belastung ergibt sich

$$P_m = P_o/\pi \cdot a \cdot b \quad [Kp/mm^2]$$

und die Hertzsche Spannung mit

$$P = 1,5\, P_m = \sqrt[3]{K_o \cdot E^2/4,28} \quad [Kp/mm^2]$$

Die Hertzsche Gleichung gibt die entstehende Verformung und mittlere Flächenpressung bis in das Gebiet der plastischen Verformung wieder; sie gilt genau genommen im Bereich der Elastizitätsgrenze. Bei gehärtetem Stahl als Kugel gepreßt gegen eine ebene Fläche ergeben sich verschiedene Grenzmerkmale.

K_o Kg/mm^2	Grenzmerkmale
o,4	bleibende Verformung = 1/5o der elastischen Verformung
2	Grenze der Hertzschen Gleichung
2o	Grenze für gleiches P_m bei Kugel gegen Platte
35	1. Kreisriß am Umfang der Druckfläche
8o	Bruchlast der Kugel

Diese Gegenüberstellung zeigt, daß unterschiedliche spezifische Belastungen in Stahlkugeln erzeugt werden können und sich charakteristische Werte für die Hertzsche- und für die Bruchspannung ergeben.

Sollten diese Untersuchungen an Stahlkugeln mit Erz-Agglomeratkugeln verglichen werden, so ist der Bereich der geringen spezifischen Belastung von untergeordneter Bedeutung, da die Erzkugeln über den elastischen Bereich hinaus Spannungen bis kurz vor dem Bruch ertragen sollen.

Die Erfahrungen der Untersuchungen der rollierten Erzagglomerate ergaben, daß sich eine spezifische Belastung z.B. von Venezuela-Pellets von 5 Kp/cm^2 ergibt als die maximal aufzubringende Belastung, bei der die Pellets zerbrechen.

Die Höhe der spezifischen Belastung ist abhängig vom Gefügeaufbau der untersuchten Kugeln; die Belastbarkeit der Agglomerate steigt wie bei den diskutierten Stahlkugeln mit dem Quadrat des Durchmessers.

1.3. Agglomerate und Trocknungstemperatur

Der Einfluß des Trocknens bei erhöhten Temperaturen auf die Festigkeit von Agglomeraten zeigt, daß gegenüber der Auslagerung bei Raumtemperatur geringere Festigkeitswerte erreicht werden. Dieser Einfluß zeigt sich vornehmlich bei hochreinen Konzentraten; bei Anwesenheit von z.B. $Ca(OH)_2$ wird durch die Trocknung bei höheren Temperaturen die Bildung von $CaCO_3$ die Belastbarkeit vergrößern. Ohne den Zusatz solcher Bindemitteln liegen die Festigkeitskurven bei erhöhten Austrocknungstemperaturen niedriger.

Durch die erhöhten Trocknungstemperaturen tritt eine zu schnelle Wasseraustreibung ein und führt zu ungünstigen Verdampfungsbedingungen, die die Festigkeit des Gesamtagglomerats herabsetzen. Im Innern können sich beim Durchlaufen der einzelnen Austrocknungsbereiche nicht solch enge Kapillaren bilden wie beim Auslagern bei Raumptemperatur. Es tritt im Verband des Agglomerats eine Auflockerung auf, die sich auch in den Porositätswerten bemerkbar macht.

Die Dampfbildung in den Agglomeraten während des Wasseraustreibens ruft auch im wasserfreien Agglomerat nach der Austrocknung neben größeren Poren eine Rißbildung hervor, die sich bei Druckbelastung in der Art zeigt, daß die Agglomerate entlang den vorher schon sichtbaren Rissen zerbrechen.

1.4. Einfluß der Morphologie

Bei rolliertem Material und Pellets zeigt sich nebem dem Einfluß des Wassergehaltes, des Aufmahlgrades, der Größe der Pellets, der Art der Herstellung ein Einfluß, der auf die Form der im Inneren agglomerierten Teilchen zurückgeführt werden muß. Bei den quantitativen Berechnungen der Zugfestigkeit der Agglomerate wird davon ausgegangen, daß kugelförmige Teilchen vorliegen [3, 10]. Der Einfluß der Geometrie der Teilchen im Inneren konnte eindeutig in den Pelletierversuchen an synthetischen Proben nachgewiesen werden. Allein durch die unterschiedlichen Teilchengrößen ließen sich die auftretenden Effekte nicht erklären.

Die Berechnung der spezifischen Oberflächen der unterschiedlich geformten Teilchen, verbunden mit der Geometriebetrachtung der Erzteilchen ergaben folgende Gegenüberstellung:

Teilchenform	Seitenverhältnis	Spezifischer Oberflächenfaktor
kugelig	-	1
dünn, plättchenförmig	1o	4
nadelig	4	3
feinkreistallines Haufwerk	1oo	2

μ_o = Längsausdehnung und μ_x = Höhenausdehnung der Erzteilchen (beim feinkristallinen Haufwerk wurde angenommen, daß die feinen Teilchen auf einer glatten Kugeloberfläche aufliegen, μ_o bedeutet hierbei den Durchmesser der Kugel, μ_x den Durchmesser der freien Teilchen)

Bei der Gegenüberstellung der durch die Formel der Modellvorstellung $P_K = 2\,\gamma/r$, erweitert mit dem hydraulischen Porenradius $m = \delta/s \cdot \rho_w \cdot (1-\varepsilon)$, [1o] errechneten Festigkeiten mit den gefundenen Werten ergeben sich keine eindeutigen Übereinstimmungen. Bereits bei der zurvor erfolgten Diskussion des Einflusses der Oberfläche auf die Festigkeit wurde aufgezeigt, daß die Oberfläche des Ausgangsmaterials nicht mit der Oberfläche im agglomerierten Material übereinstimmen muß; zudem sind die verschiedenen Meß- und Berechnungsmethoden der Oberflächen, wie dargestellt wurde, mit Fehlern behaftet, die durch Faktoren (z.B. gemessene/errechnete Werte) gemildert werden.

Bei den Untersuchungen in dieser Arbeit, in denen der wirksame Porenradius in Agglomeraten bestimmt wurde und ohne Einbeziehung des hydraulischen Porenradius gerechnet wurde, konnte gezeigt werden, daß grundsätzlich die Modellvorstellung Aufschluß über die maximal erreichbare Festigkeit gibt. Bei diesen Untersuchungen wurden, wie geschildert, mit Flüssigkeit gefüllte Glasröhrchen unterschiedlichen Durchmessers in die Agglomerate eingesteckt. Lag der Durchmesser dieser Glaskapillaren höher als der wirksame Porenradius, ging die Flüssigkeit in das Agglomerat über; wurden Glaskapillaren mit zu engem Durchmesser angelegt, trat die Agglomerierflüssigkeit in die Glaskapillare ein. So konnte der wirksame Porenradius in Agglomeraten gemessen werden, jedoch kann mit dieser Methode keine Voraussage über die zu erwartende Festigkeit eines Agglomerats vor der Agglomerierung gemacht werden. Daher wurde eine Gegenüberstellung der gemessenen zu errechneten Festigkeitswerte unter Einbeziehung der hydraulischen Porenradius und damit der Oberfläche vorgenommen [29, 3o] und folgender Zusammenhang gestgelegt: $P_{gem}/P_{err} = K \cdot S^{-\frac{1}{2}}$. Eingesetzt ergibt sich:

$$P_{gem} = K \cdot \gamma \cdot \rho_W \cdot \sqrt{S} \cdot (1-\varepsilon)/\varepsilon$$

Durch diese Korrektur des Einflusses der gemessenen Oberfläche im Ausgangsmaterial zum Einfluß der Oberfläche auf die Festigkeit wird somit zunächst die Ungenauigkeit der Oberflächenmeßmethode berücksichtigt, weiterhin der Unterschied der Oberfläche im Ausgangsmaterial zur wirksamen Oberfläche im Agglomerat. Im Agglomerat kann die Möglichkeit bestehen, daß nicht alle Kapillaren offen oder vollkommen mit Flüssigkeit ausgefüllt sind, zudem müssen nicht alle offenen und vollkommen mit Flüssigkeit ausgefüllten Kapillaren aus Orientierungsgründen an der Festigkeit des Gesamtagglomerats beitragen.

In der Gegenüberstellung der gemessenen zu errechneten Festigkeitswerte unter Einbeziehung der Oberfläche kann außerdem berücksichtigt werden, daß nicht das gesamte feste Material an der Agglomeratbildung und somit der Belastbarkeit teilnimmt. Bei einem Flüssigkeitsfüllungsgrad von z.B. 8o % liegt in einem Pellet die äußere Zone oder Schale oft ohne Flüssigkeitsverbindung der Erzteilchen vor. Die belastbare Fläche ist kleiner als der Durchmesser der Agglomerate angibt.

Der Einfluß der Morphologie der Erzteilchen auf die Belastbarkeit der Agglomerate wird durch Veränderung der K-Werte festgehalten.

Bei rolliertem Material beträgt der K-Wert für kugeliges Material 36, für nadeliges 9o, für sternförmiges 54 und für feinkristallines Haufwerk 11o.

Bildet man entsprechend das Verhältnis der K-Faktoren zum kugeligen Material, so ergeben sich K-nadelig = 2,5, K-sternförmig = 1,5 und K-feinkristallines Haufwerk = 3,1 in rolliertem Material.

Diese Belastbarkeitsveränderung des rollierten Materials durch die Morphologie der Erzteilchen beruht auf der unterschiedlichen Möglichkeit der Bildung festigkeitsbestimmender Kapillaren. So entstehen trotz größerer mittlerer Teilchengröße aus nadeligen Konzentraten festere Agglomerate als aus kugeligen. Im rollierten Material können sich die nadeligen Teilchen besser, d.h. unter Bildung engerer Kapillaren anlagern, indem ein schalenförmiger Aufbau schichtweise angeordneter Teile eintritt.

Dieser Einfluß der bestmöglichen Einbettung der Teilchen in ein Agglomerat zeigt sich auffällig bei der Gegenüberstellung der kugeligen Agglomerate und der Filterformlinge. Unterschiede in der Festigkeit beruhen einerseits auf dem früher diskutierten Geometriefaktor der äusseren Form dieser Agglomerate und der in dem Innern hervorgerufenen Spannungen. Zum anderen macht sich aber beim Betrachten der maximalen Festigkeitswerte der Einfluß des Einbaus der Erzteilchen bemerkbar. Bei Pellets werden durch den Abrollvorgang die nadelförmigen Teilchen sich im Innern schalenförmig um einen Kern anlagern und erreichen somit absolut größere Festigkeitswerte durch ein engeres Porensystem im Inneren.

Die oben genannten Faktoren und Einflußgrößen wurden bei normalen Erzen nachgeprüft und ergeben Übereinstimmungen.

1.5. Mischagglomerate

Bei der Agglomeration von Erzen in verschiedenen Mischungen wurde gefunden, daß z.B. schlecht agglomerierbare Erze durch Zusatz von gut agglomerierbarem Material z.B. solche Pellets erbrachten, deren Festigkeit entsprechend dem Zusatzanteil höher lagen. So können z.B. durch Zumischen von Venezuela- zu Kiruna-Erz festere Agglomerate erzeugt werden; sowohl im Bereich der maximalen Festigkeit, der mittleren Wassergehalte wie auch im Trockenbereich lagen die Werte durch Zusatz besser agglomerierbarem Materials höher. Im Bereich der maximalen Fesitkgeit und der Trockenfestigkeit konnten steigende lineare Abhängigkeiten vom zugemischten Anteil festgestellt werden. Im Bereich der hohen Wassergehalte dagegen zeigt sich keine Beeinflussung durch diese Zugaben.

Aus diesen Ergebnissen ist zu schließen, daß bei diesen Erzen durch Vermischen entsprechend den Anteilen der Kapillarradius verringert wird und somit die Belastbarkeit im maximalen Festigkeitsbereich erhöht wird. Dieses kann nicht bei allen Vermischungen von Erzen vorausgesetzt werden, da sich z.B. Erze mit stark unterschiedlichem Körnungsband in der Art ergänzen können, daß die feineren Anteile in die Hohlräume zwischen die gröberen Erze des zweiten Materials eingemischt werden. Durch diesen Vorgang werden unverhältnismässig kleine Kapillaren geschaffen, die den Gesamtverband des Agglomerats weitaus mehr stärken als es dem Zusatzanteil in der Art der oben beschriebenen Verhältnisse entspricht.

1.6. Schalenförmig rollierte Agglomerate

In den Versuchen zeigte es sich, daß bei Anreicherung von gut agglomerierbarem Material in den Außenzonen von rollierten Agglomeraten, diese bei einer bestimmten Dicke der Schalen den Agglomeraten eine Festigkeit verleihen, als ob das ganze Agglomerat aus diesem Material hergestellt worden sei; durch diese Methode können schlecht agglomerierbare Materialien als Kernmaterial in Agglomerate eingebettet werden, ohne Auswirkung auf die Festigkeit.

Schlecht agglomerierbare Materialien in den Außenzonen zeigen entgegengesetzte Auswirkungen.

Das Festigkeitszeitverhalten von Agglomeraten mit Schalen höherer Festigkeit aus gut agglomerierbarem Material kann damit erklärt werden, daß diese Schalen vornehmlich bei Belastung den Druck aufnehmen, so daß es in der Äquatorialebene nicht zu solchem Zugaufbau kommt wie ohne Schalen. Darüber hinaus muß berücksichtigt werden, daß die elastische und plastische Deformation der Schale zu einer Reaktion in Form einer Druckspannung in der Äquatorialebene führt und so die in der Mitte der Äquatorialebene auftretenden Zugspannungen mildert.

2. Diskussion der Ergebnisse der sekundären Agglomeration

2.1. Bindungsmöglichkeiten beim Brennhärten

Zur Untersuchung des Einflusses der Morphologie und Genesis auf die Festigkeit von gebrannten Agglomeraten wurde zunächst der Festigkeitsverlauf von Pellets und zum Vergleich auch Filterformlingen als Funktion der Brenntemperatur untersucht. Es zeigte sich, daß sich mit steigender Temperatur ein Festigkeitsanstieg bemerkbar machte, entsprechend den im Literaturteil erörterten Grundlagen der Sintervorgänge, die bisher an Metallpulvern und vereinzelt auch an Oxydpulvern angestellt worden waren.

Entsprechend dem Oxydationsgrad (Magnetit- oder Hämatitausgangserz) zeigte sich im Niedrigtemperaturbereich bis ungefähr 500°, daß die Agglomerate aus Magnetiterzen eine höhere Festigkeit aufwiesen, da der Oxydationsprozeß vom Magnetit zum Hämatit in der oxydierenden Brennatmosphäre eine Festigkeitssteigerung hervorrief.

Im Bereich der üblichen Brenntemperatur des Pellethärtens und der Eisenerzsinterung stiegen die Werte dann jedoch unabhängig vom Ausgangserz auf wesentlich höhere Festigkeitswerte an. Sowohl die Punktdruck- und Abriebfestigkeit der Pellets als auch die Festigkeit von Agglomeraten aus dem Brikettier- und Sinterprozeß erreichten weit höhere Werte als es im Oxydationsbereich des Niedrigtemperaturgebietes zu erzielen war.

Entsprechend den Überlegungen vom Tammann, die ihre Erweiterung in den Hüttig-Gedanken fanden, stieg die Festigkeit in Korrespondenz zu den α-Werten bis zu einem Maximalwert an. Diese maximalen Festigkeitswerte lagen im Bereich von 1150-1300°, entsprechend erreichten die Abriebtestuntersuchungen günstigste Minimalwerte.

Nach Überschreiten dieser optimalen Temperatur verschlechterten sich die Festigkeitswerte durch die zu erwartende Zusammensinterung der einzelnen Körner zu größeren Brücken im Vergleich zu den vorher fein verästelten Zusammenwachsungen in den Agglomeraten; es bildeten sich weiterhin Grobkorngefügeausbildungen in diesen Brücken, die festigkeitsmindernd wirken, und zudem kann in diesem Gebiet erwartet werden, daß bei Anwesenheit von genügend niedrig schmelzenden eutektischen Gangartkomponenten oder Zuschlägen spröde Schlacken gebildet werden können.

Aus diesen Überlegungen läßt sich folgern, daß die maximalen Festigkeitswerte nur durch Diffusionsvorgänge erreicht werden. Diese Diffusionsvorgänge können, wie auch bei den Metallpulvern, in Oberflächen 112), Korngrenzen 113) und Volumendiffusionsvorgänge unterteilt werden, die zum einen abhängig sind von der Temperatur, weiterhin von der Zeit und von der Korngröße, d.h. der der Diffusion zur Verfügung stehenden Oberfläche, die sich auch in der Oberflächengestaltung der Erze bemerkbar machen muß.

Die Ausbildung von maximalen Festigkeiten, hervorgerufen durch den Temperatur- und Zeiteinfluß, wie auch durch die Art und Weise der Oberflächenausbildung der zusammensinternden Erzteilchen, zeigte sich deutlich bei vergleichenden Untersuchungen an gebrannten Pellets. Hier konnte vor allem der eindeutige Einfluß der Temperatur festgehalten werden.

2.2. Morphologieeinfluß

Beim Gegenüberstellen der Ergebnisse derErgennfestigkeit der Agglomerate mit den Kurven der Grünfestigkeit zeigte sich, daß keine Zusammenhänge zwischen den Bindungsmechanismen bestehen können, da Erze, die eine hohe Festigkeit in der ersten Agglomerationsstufe erbrachten, beim Brennhärten durchaus geringste Werte liefern können.

Werden die Einflüsse der Gangart vernachlässigt, die sich bei nicht hocheisenhaltigen Erzen und Konzentraten bemerkbar machen, so zeigt sich, daß diese Konzentrate und die synthetisch hergestellten Eisenoxyde sich entsprechend ihrer Morphologie nicht eindeutig in ein Schema einbetten lassen. Es erreichten jedoch die nadeligen synthetischen Eisenoxyde mit ihrem hohen Aufmahlgrad in der Pelletform die höchsten Festigkeitswerte, die um mehr als 200 kg höher lagen als die der Pellets aus kubischen Kristallen.

Das Ausbilden starker Brücken zwischen den nadeligen Erzkörnern könnte unter Vernachlässigung aller übrigen Einflußgrößen folgendermaßen erklärt werden:

Setzt man voraus, daß die nadeligen Kristalle im Verband eines Pellets eine gewisse Orientierung in Schalenform, geben sich bei der Übereinanderlagerung viele große Berührungsflächen der durch elektronenmikroskopischen Aufnahmen belegten sehr flachen Eisenoxydnadeln. Diese Nadeln werden, wie in den einleitenden Kapiteln beschrieben, durch Oberflächenreaktionen eine erste Brückenbildung erhalten und somit zu Agglomeraten zusammenwachsen.

Da die Wahrscheinlichkeit der Orientierungsgleichheit der Kristalle sehr klein ist, d.h. die Kristallisierungsrichtung des Gitters zweier Nadeln an der Berührungsstelle unterschiedlich ist, wird die auftretende Brückenbildung noch unterstützt. Schon bei geringen Temperaturerhöhungen werden durch Auftreten der Oberflächendiffusion innige Verbindungen eintreten.

Bedingt durch die Ungleichheit der Kristallisierungsrichtung der Gitter entstehen an diesen Zusammenwachsungen Korngrenzen, die mit steigender Temperatur den Hauptmaterialtransport zur weiteren Verfestigung übernehmen.

Bei der nächstmöglichen Diffusionsart, der Volumendiffusion, werden, bedingt durch die Geometrie der flachen Nadeln in Querrichtung, durch diese Nadeln schnell bei entsprechender Temperatur Transportvorgänge ablaufen können.

Somit kann eine nadelförmige Ausbildung der Eisenoxyde die Voraussetzung sein für einen innigen Verband der einzelnen Erzteilchen, bei dem trotzdem genügend Poren verbleiben, um bei einem anschließenden Reduktionsprozeß den Gasan- und -abtransport sicherzustellen.

Stellt man diesen Agglomeraten aus nadelförmigen Eisenoxyden Agglomerate mit kubischen Kristallen gegenüber, so wird wiederum unter Vernachlässigung aller übrigen Einflußgrößen, allein bedingt durch diese Kornformen, nur an wenigen Stellen ein punktförmiges Zusammenwachsen stattfinden können. Es kann vorausgesetzt werden, daß sich beim Brennen wesentlich weniger und schmale Brücken zwischen den einzelnen Kristallen gegenüber nadeligen bilden und daher nur eine geringere Festigkeit im Gesamtverband des Agglomerats hervorgerufen wird. Bei geringen Temperaturerhöhungen werden im ersten Härtungsabschnitt durch die wenigen Berührungsstellen und die punktförmige Ausbildung nur geringe Transportvorgänge durch Oberflächendiffusion eintreten. Die sich ausbildenden Korngrenzen an diesen Berührungspunkten müssen danach in die Kugeln hineinwandern und und werden, wie auch die Transportvorgänge über die Volumendiffusion, als festigkeitssteigernde Komponente geringere Werte erbringen.

Die sternförmig verwachsenen Kristalle ähneln zwar im Aussehen einer verzweigten Nadelform, jedoch werden sich beim Zusammenlagern nur an den Spitzen Berührungsstellen ergeben, die sich ähnlich negativ auf die Festigkeitssteigerung auswirken wie die Verbindung zwischen den kubischen Kristallen.

Das "feinkristalline Haufwerk" besteht aus einer Anhäufung von kubischen Kleinstristallen, die in der ersten Agglomerationsstufe durch die Auswirkung der Kapillarkräfte zwischen den einzelnen Teilchen hohe Festigkeiten hervorrufen, hier jedoch durch die Vielzahl der Berührungspunkte zwar viele Brücken bilden können, sich jedoch wie kubische Kristallite verhalten.

Wird im die Betrachtungen jedoch das Verhalten der Filterformlinge aus den Erzkonzentraten hinzugezogen, so ist zu erkennen, daß neben der Morphologie eine weitere wesentliche Einflußgröße berücksichtigt werden muß.

Bedingt durch die Morphologie kann somit zwar ein Einfluß auf die Festigkeit vorausgesetzt werden, jedoch werden die Faktoren, die die unterschiedlichen Diffusionsarten beeinflussen, zu berücksichtigen sein.

In den Bildern 18-21 der Brennfestigkeit verschiedener Erze ist zu ersehen, daß zwar eine Einteilung nach der Geometrie der Erzteilchen angestrebt werden kann, jedoch, wie die Bilder 23 und 24 zeigen, keine eindeutige Einstufung der maximalen Festigkeit, sowohl in Bezug auf die erreichbare Höhe, wie auch auf die Temperaturlage vorgenommen werden kann. Hervorgerufen durch den unterschiedlichen inneren Aufbau der Erze kann ein verschieden intensives Eintreten der Diffusionsvorgänge hervorgerufen werden.

2.3. Diffusionsmechanismus

Bei der Selbstdiffusion in Festkörpern ist zwischen Oberflächen-, Korngrenzen- und Volumen- (Gitter-) Diffusion zu unterscheiden.

Die Diffusion von Atomen oder Ionen in einem Kristall wird durch die Diffusion der Leerstellen beschrieben, die nach der Diffusion auf dem Ausgangsplatz des Atoms oder Ions zurückbleiben. Grundsätzlich können beim Zusammenwachsen von Erzteilchen durch diese Leerstellendiffusion alle Möglichkeiten der Diffusionsart beschrieben werden, so z.B. bei der Halsbindungsbildung zwischen zwei Erzteilchen durch Leerstellenentstehung oder Vernichtung. Es können einmal durch Oberflächendiffusion von Leerstellen des sich bildenden Halses zur Oberfläche des Erzteilchens Verbindungen herbeigeführt werden. Daneben können durch Wanderung der Leerstellen von der Halsoberfläche zur sich bildenden Korngrenze zwischen den Erzteilchen Brückenbildung durch Korngrenzdiffusion eintreten, weiterhin können Leerstellen vom Hals in das Volumeninnere wandern und somit die Verbindung bilden und als zusätzliche Möglichkeit der Volumendiffusion vorhandene Leerstellen im Inneren sich mit Material füllen, das an den Berührungspunkten lag, und es kann somit eine breitere zusammenwachsende Fläche geschaffen werden.

Allgemein wird die Kinetik der Diffusion durch das erste Fick'sche-Gesetz mit der bei der konstanten Termpatur der Zeiteinheit durch den Querschnitt diffundierenden Menge m beschrieben.

$$m = - q \cdot D \left(\frac{do}{dx}\right)$$

Die Diffusionskonstante D ist als der Massenfluß, der bei einem Konzentrationsgradienten von 1 in der Zeiteinheit pro Einheitsquerschnitt erfolgt, definiert. Bei einem Sprung eines Atoms in eine benachbarte Leerstelle wird die Diffusionskonstante von der Sprungweite α (entspricht dem Atomabstand) und der Sprungfrequenz Γ bestimmt.

Da ein Sprung in verschiedene Richtungen möglich ist, ist noch ein Geometriefaktor zu berücksichtigen.

Für D ergibt sich nun:

$$D = \gamma \cdot \alpha^2 \cdot \Gamma$$

Die Sprungfrequenz ist ihrerseits wieder eine zusammengesetzte Größe. Sie ist der Schwingungsfrequenz ν des Atoms proportional und bestimmt unter anderem die Temperaturabhängigkeit von D.

Ist E_{LW} die zur Wanderung notwendige Energie, so ist die Wahrscheinlichkeit eines Sprunges in die benachbarte Leerstelle laut Gauß-Verteilung:

$$e^{-\frac{E_{LW}}{RT}}$$

Da nun nicht jedes Atom einer Leerstelle benachbart ist, ist ein Platzwechsel von der Leerstellenkonzentration abhängig, die durch $e^{\frac{-E_{LB}}{RT}}$ bestimmt ist. E_{LB} ist die molare Bindungsenergie der Leerstellen. Bei z nächsten Nachbarn ist die Wahrscheinlichkeit, daß ein Atom einer Leerstelle benachbart ist, $z \cdot c_L$. Damit ergibt sich für die Sprungfrequenz:

$$\Gamma = z \cdot \nu \cdot e^{-\frac{(F_{LB} + E_{LW})}{RT}}$$

Die Diffusionskonstante ist damit:

$$D = \gamma \cdot a^2 \cdot z \cdot \nu \cdot e^{-\frac{(E_{LB} + E_{LW})}{RT}}$$

Die experimentell ermittelten Werte der Diffusionstanten D lassen sich in fast allen Fällen durch eine Beziehung der Form

$$D = D_o \cdot e^{\frac{-Qv}{RT}}$$

beschreiben [31].

Die Aktivierungsenergie Q_v ist gleich der Summe aus Bildungs- und Wanderungsenergie der Leerstellen.

Theoretische Untersuchungen der Platzwechselvorgänge ergaben für die Selbstdiffusion vier denkbare Mechanismen: Selbstdiffusion durch direkten Austausch von Atomen, durch einen Ringmechanismus, über Zwischengitterplätze und über Leerstellen. Da die Selbstdiffusion durch direkten Austausch von zwei Atomen gegeneinander nur theoretisch möglich ist, die Aktivierungsenergie ist im allgemeinen zu groß, werden die anderen Prozesse, die wesentlich geringeren Aufwand erfordern, häufiger auftreten. Der Ringtausch, der als Untergruppe des direkten Austauschens aufgefaßt werden muß, bei dem drei oder mehrere Atome ringförmig ihre Plätze wechseln, benötigt weniger Energie als der direkte Tausch.

Da die Energiebeträge für Selbstdiffusion jedoch meist so niedrig sind, daß nur die theoretischen Überlegungen der Diffusion über Zwischengitterplätze und Leerstellen zutreffen, werden bei der Betrachtung der

Diffusion innerhalb der Eisenoxyde diese zur Erklärung der Bindungsmechanismen herangezogen.

Genesiseinfluß

Den Einfluß der unterschiedlichen Genesis von übrigen Einflüssen frei zu halten, ist bei der Verwendung von natürlichen Erzen fast unmöglich. Bei Anwesenheit von Gangartanteilen werden diese in den späteren Agglomeraten auf die Festigkeit und das Reduktionsverhalten entsprechend ihrer Art und ihren Anteilen einen großen Einfluß nehmen. Selbstwenn Erze unterschiedlicher Herkunft und vorausgesetzt unterschiedlicher Genesis den gleichen chemischen Gehalt beim Betrachten der Eisenoxydstufen und der Gangartanteilen zeigen, so können diese untereinander verschiedene Verbindungen eingegangen sein.

Um diese täuschender Einflüsse zu eliminieren, wurden Erze künstlich in ihrer Genesis verändert. Es bestehen verschiedene Möglichkeiten, unterschiedliche Störungsgrade im Kristallgitter zu erzeugen: es können Materialien auf hohe Temperaturen aufgeheizt und wieder abgeschreckt werden, Verformungen vorgenommen oder mit energiereichen Strahlen Störungen erzeugt werden; weiterhin können Eisenoxyde reduziert und wieder oxydiert werden.

Bei der Eisenerzinterung wird durch Zugabe von vorgebranntem Material (Rückgut) auf die erstgenannte Methode zurückgegriffen. Dieses Material hat den Brennprozeß einmal durchlaufen, wurde dabei aufgeheizt und durch die plötzliche Abkühlung abgeschreckt; es liegt somit ein gestörteres Gitter vor als Ausgangsmaterial.

Durch die Temperaturerhöhung bildet sich im Gitter eine gestörte, jedoch gesetzmäßige Fehlordnung. Diese temperaturabhängige Störung eines kristallisierten Gitters kann durch das Abschrecken von hohen Temperaturen im Gitterverband zwangsweise eingefroren werden. Druch diese Methode ist es erreichbar, die Bildungsenergie einer Leerstelle für die Selbstdiffusion über Zwischengitterplätze und Leerstellen festzuhalten.

Bei den hohen Temperaturen entstehen im Eisenoxyd des gebrannten Materials Fehlordnungen: theoretisch können in einem zweiatomigen Kristall Frenkel'sche Gitterstörungen mit Leerstellenbildung über die Zwischengitterplätze für beie Atomarten auftreten. Diejenige wird vorherrschen oder allein vorhanden sein, die die niedrigere Aktivierungsenergie benötigt, d.h. im Fe_2O_3-Kristell entstehen Leerstellen an Plätzen der O-Ionen, da Eisen die langsamer diffundierendere Komponente ist.

Wegen der elektrischen Neutralität treten Schottky'sche Fehlordnungen im allgemeinen paarweise auf.

Dieses so gestörte Material wurde dem Ausgangsgut in bestimmten Verhältnissen zugemischt. Es zeigten sich eine auffällige Festigkeitszunahme und eine Verringerung der Brenntemperatur der maximalen Festigkeit 31).

Diese Versuche wurden sowohl an natürlichen Erzen mit vorgebranntem Material wie auch an Reinsteisenoxyden durchgeführt. Der Einfluß der Festigkeitszunahme zeigt sich bei allen untersuchten Materialien, jedoch ist darauf hinzuweisen, daß in den natürlichen Erzen durch den vorhergegangenen Brennprozeß auch die Gangartmineralien einen Einfluß haben können, da sie untereinander während des ersten Brennprozesses Verbindungen eingehen können und somit z.B. verantwortlich sind für niedrig schmelzende Eutektika.

Ein weiterer Einfluß, der sich auch beim Zusatz von vorgebranntem und vorreduziertem oder allein vorreduziertem Material zeigte - dieses entspricht somit einem äußerst stark gestörten Gitter im Vergleich zum Ausgangsmaterial - wurde sowohl bei Betrachtung der Kornform als der Oberfläche sichtbar. Da nach dem Brenn- und Reduktionsprozeß Teile zusammengesintert sein können und wiederaufgemahlen werden müssen und somit ihre Kornform zum Teil verändern, weiterhin auch beim Vorreduzieren - ähnlich dem Zusammensintern - Sticking-Erscheinungen auftreten können, verbunden mit einem Aufrauhen der Oberfläche, müssen die Einflüsse dieser Faktoren der Kornform und Oberfläche einbezogen werden.

Zu berücksichtigen ist bei diesen Betrachtungen der Einfluß einer Kaltverformung, der bei dem erneuten Aufmahlprozeß neben der Kornform eine Rolle spielen kann. Diese Kaltverformung erzeugt in den Gittern Zwangsfehlstellen.

Um diesen Einfluß der unterschiedlichen Kornform und der Kaltverformung auszuschalten, wurden in anschließenden Versuchen Reinsteisenox de mit nadeliger Struktur durch schnelle Neutronen bestrahlt. Hinsichtlich der Veränderung von Stoffen und speziell von Kristallen durch Neutronenbestrahlung sind alle Energiebereiche von Bedeutung, im Gegensatz zur elektromagnetischen Strahlung (Röntgenstrahlen) sowie zur Strahlung geladener Korkuskel (Elektronen, Positronen, Protonen, Deuteronen, α - teilchen.) Praktisch wichtig sind schnelle Neutronen mit Energie von 1 - 1o MBV und thermische Neutronen mit etwa o,o25 EV. Energie und Intensität von Strahlungen schneller Neutronen sind durch die zugrundeliegenden Kernreaktionen bestimmt. Thermische Neutronen werden durch geeignete Abbremsvorgänge schneller Neutronen mit Hilfe von Moderatoren (Wasser, Graphit) gewonnen.

Elastische Zusammenstöße zwischen Strahlungspartikeln und Atomen führen zu örtlichen Verlagerungen der getroffenen Atome, derartige Prozesse kommen bei Stoffen in allen Aggregatzuständen vor. Von großer Bedeutung werden elastische Stoßprozesse zwischen Strahlungspartikeln und Bausteinen (Atome, Ionen) fester und vor allem kristalliner Stoffe. Zwei wesentliche Gründe sind hierfür maßgebend: Einmal sind in einem Kristall alle Bausteine durch starke Kräfte örtlich an bestimmte Lagen gebunden und bedingen dementsprechende Eigenschaften.

Da elastische Zusammenstöße zwischen Strahlungspartikeln und Gitterbausteinen zu Verlagerung aus der normalen Gitterlage führen (knock-on) (=Wigner-Effekt) und damit physikalische Baufehler erzeugt werden, führen diese Art von Wechselwirkungen zu wensentlichen Veränderungen.

Zum zweiten ist für den Ablauf elastischer Stoßprozesse die auf einen ruhenden Kristallbaustein übertragbare Energie der Strahlenpartikel entscheidend.

Bei relativ niedriger, durch elastischen Stoß übertragener Energie werden die Gitterbausteine überwiegend zu Schwingungen angeregt, die unter Dissipierung der aufgenommenen Energie an Nachbarbausteine zu einer Erwärmung der Umgebung der gestoßenen Gitterbausteine führen. Mit ansteigender übertragbarer Energie E führt, beginnend bei einer Schwellenenergie E_d (2o - 25 eV), ein elastischer Stoß zum Herausschlagen eines Bausteins aus seinem Gitterplatz. Es entsteht eine Leerstelle. Der knock-on bewegt sich entsprechend der ihm übertragenen Energie so lange durch das Gitter, bis diese durch weitere Wechselwirkung aufgebraucht ist und der Gitterbaustein völlig abgestoppt irgendwo als Zwischengitterbaustein steckenbleibt. Aber nur die Hälfte der Energie führt zur Bildung von Frenkel-Defekte. Die andere Hälfte geht über Gitterwellen und Dämpfung in thermische Energie über. Ist die an den Gitterbausteinen abgegebene Energie E wesentlich größer als E_d, so kann diese kaskadenartig weitere Leerstellen und knock-on's erzeugen.

Auf Grund der Freigabegrenze der KFA Jülich konnten für die Versuche keine größeren Mengen bestrahlt werden, um Agglomerate in ausreichender Menge herzustellen, die Druckfestigkeitsvergleiche zuließen. Aus diesem Grunde wurde das Material unter einem Heiztischmikroskop erhitzt und das Zusammenwachsen beobachtet. Es zeigte sich, daß das Material, trotz der unverändert gebliebenen Morphologie - im Elektronenmikroskop wurde die gleiche Kornform beobachtet wie beim Ausgangskonzentrat - und der Ausschaltung der Einflüsse einer Gangart, unterschiedliche Temperaturen aufwies, bei denen ein Beginn des Zusammenwachsens erkannt werden konnte. Das Zusammenwachsens wird nicht nur zu niedrigen Temperaturen verschoben, sondern es bilden sich bei den niedrigen Temperaturen auch intensivere Verbindungen.

Aus den vergleichenden Untersuchungen der Brennfestigkeit von verschiedenen Agglomeraten kann gefolgert werden, daß neben den in der Literatur häufig diskutierten Einflußgrößen in der zweiten Agglomerationsstufe, wie Gangart und Zuschlagstoffe, ein Einfluß der Morphologie und Genesis berücksichtigt werden muß. Ein eindeutiges Zuordnen maximaler Festigkeiten zu einer Kornform wurde nicht angestrebt, da aus den Versuchen zu erkennen ist, daß der Fehlordnungsgrad der Ausgangskristallgitter und somit der Genesis einen größeren Einfluß besitzt.

2.5. Mischagglomerate und schalenförmig rollierte Agglomerate

Nachgeprüft werden mußte nach den Versuchen der Grünfestigkeit und der dort vorhandenen Möglichkeit der Festigkeitssteigerung durch Zugabe von gut pelletierbarem Material zum Gesamtverband des Pellets oder als Schalenmaterial, wie sich diese Maßnahme nach dem Brennhärten auswirken. Die einzelnen Ergebnisse wurden bereits einzeln nach dem Verstellen der Versuchsergebnisse im Teil F. 2.1. und 2.4. kurz erörtert. Zusammengefaßt kann festgehalten werden, daß sich die Kornform bei der sekundären Agglomeration z.T. noch bei den nadelförmigen Erzen auswirkt, in der Art, daß sie sich oft beim Anpelletieren in die Pellets in Längsrichtung anlagern und gute Festigkeitswerte erbringen, die weiteren Aussagen über Kornformeinflüsse aber nicht gerechtfertigt sein werden, da der Einfluß der Gangartstoffe der Zuschläge und der Genesis der Erze weitaus stärker auswirken. Der allgemeine Einfluß der Genesis zeigt z.B., daß die Kornform beibehalten sein kann, jedoch das Zusammenwachsen sich grundsätzlich ändern kann durch geeignete Vorbehandlungen.

Aus diesem Grunde sollten Erze geformt zu Mischagglomeraten unter diesem Gesichtspunkt hergestellt werden.

Bei der Brennhärtung von schalenförmig aufgebauten Agglomeraten muß wie vorgestellt und erörtert wurde, daß unterschiedliche Schrumpfungen oder Ausdehnen der Erze beim Erhitzen mit berücksichtigt werden, da sonst äußere Schalen abplatzen oder der Kern im Inneren schwimmen kann.

H. Zusammenfassung

In dieser Arbeit wurden zunächst die Grundlagen der Pelletherstellung im grünen Zustand - primäre Agglomerationsstufe - und dem Brennhärten - sekundäre Agglomerationsstufe - diskutiert. In Versuchen werden danach einige Einflüsse weiterbehandelt; die Morphologie und Genesis der Erze wird ausführlicher erörtert.

Bei der Erzeugung von Grünpellets führt z.B. die Kornform zu stark unterschiedlich festen Agglomeraten, die im Zahlenwerten verglichen werden. Nach dieser Festlegung werden weiterhin Pelletgröße und verschiedene Mischungen von Erzen untersucht.

Vorteilhaft zeigt sich die Möglichkeit, das schlecht pelletierbare Material im Kern anzureichern und als Schalenmaterial das gut pelletierbare aufzupelletieren.

Beim Brennhärten der Agglomerate tritt der Einfluß der Kornform - wie durch die Grundlagen-Diskussion erwartet - zurück, hier wirkt sich bei gleichen Erzen weitaus mehr die Vorbehandlung aus. Auch in der sekundären Agglomerationsstufe können feste Schalenpellets erzeugt werden mit schlecht pelletierbarem Kernmaterial und günstigem in der Schalen, beachtet werden muß jedoch das unterschiedliche Schrumpfungs- oder Schwellverhalten der Materialien.

Anordnung	Bewegung relativ zueinander (1), zum Gasstrom (2)	Bewegung relativ zum Gefäß	Bezeichnung der Verfahrensgruppen	Beispiele
	Bezeichnung		Gruppe	
(1) Berührungsbetten	Festbetten	Bewegte Festbetten	Schachtöfen	Pelletbrenn-[37], Sinterschacht-[38] Grangcold[39]
			Wanderbetten	Sinterband[45], Pelletbrennband[42-48], Drehherd[44]
		Ruhende Festbetten	Reaktionskammer	Sinterpfanne[45] Pelletbrennofen
			Retorten	Tammannofen-Pellets
			Flach-Herd-Öfen	
	Durchmischte Betten	Ortsveränderliche durchmischte Betten	Drehrohröfen	in Kombination mit Wanderrost "Grate Kiln"[46]
		Ortsfeste durchmischte Betten	Drehkammern (Drehtrommeln)	
(2) Feststoff-Gasgemische	Flugstaubstrahl	Gasströmung mit Erzmitnahme	Stahlverfahren	
	Schwebeschicht	Gasströmung mit Erzfixierung	Fluidatbetten Reaktionszyklone Wirbelkammern	Fluidatbettsinterung
	Rieselturm	Gasströmung ohne Erzfixierung	Fallrohre	

Tab. I

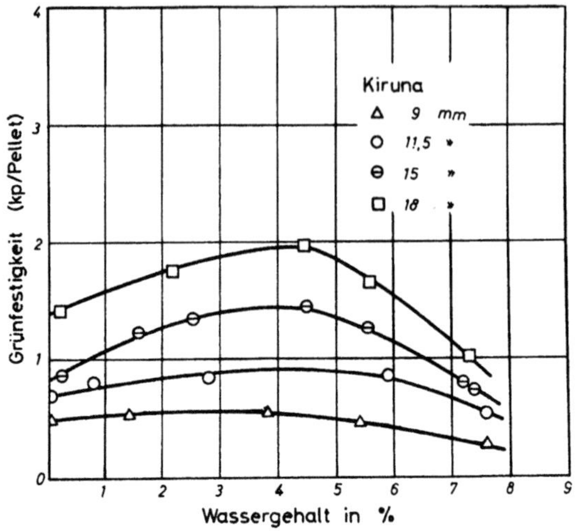

Abb. 1
Einfluß des Wassergehaltes auf die Punktdruckfestigkeit unterschiedlich großer Pellets aus Kiruna-Erz.

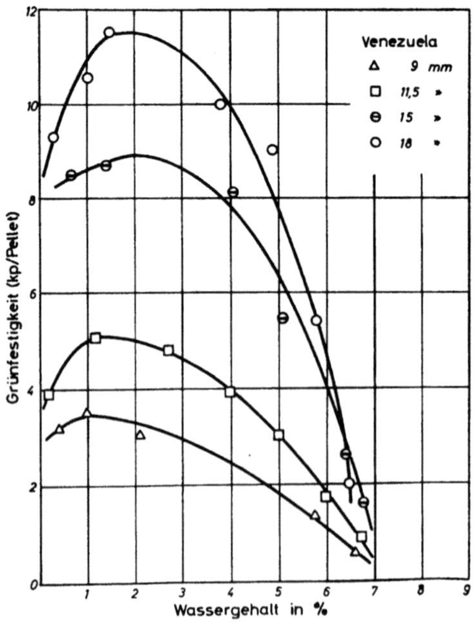

Abb. 2
Einfluß des Wassergehalts auf die Punktdruckfestigkeit unterschiedlich großer Pellets aus Venezuela-Erz.

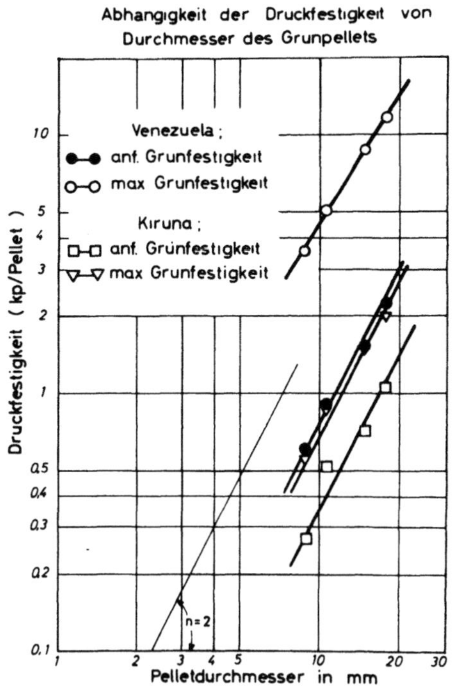

Abb. 3
Druckfestigkeit in Abhängigkeit vom Pelletdurchmesser.

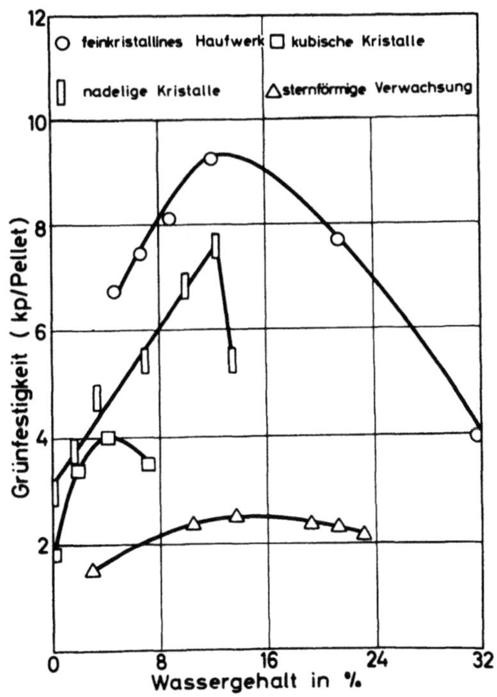

Abb. 4
Abhängigkeit der Grünfestigkeit vom Wassergehalt der Pellets aus synthetischen Eisenoxyden und -hydroxyden unterschiedlicher Teilchenform.

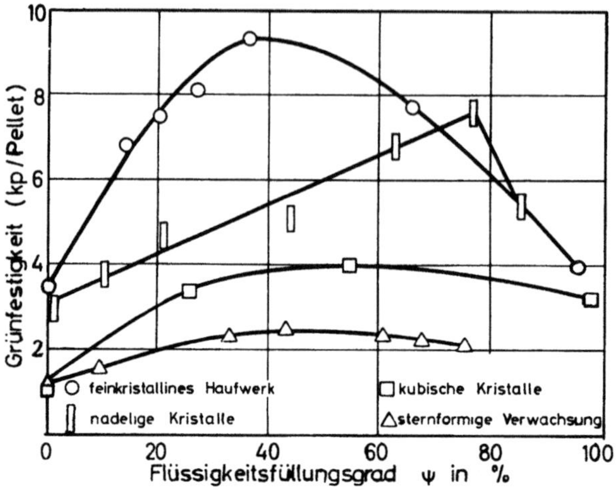

Abb. 5
Abhängigkeit der Grünfestigkeit vom Flüssigkeitsfüllungsgrad des Pellets aus synthetischen Eisenoxyden und -hydroxyden unterschiedlicher Teilchenform.

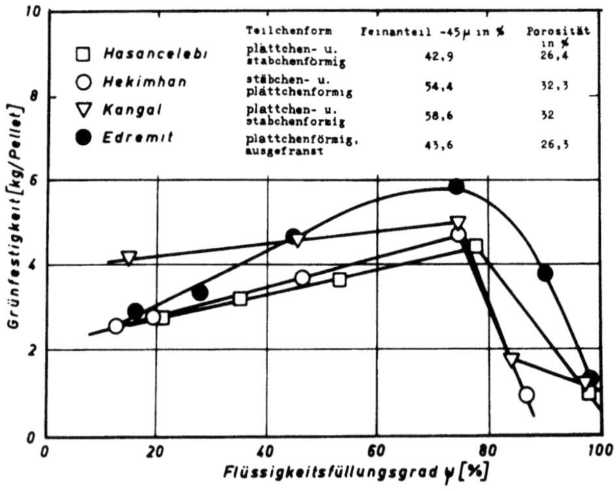

Abb. 6
Einfluß des Flüssigkeitsfüllungsgrades auf die Grünfestigkeit der Pellets aus Hasancelebi, Hekimhan, Kangal und Edremit

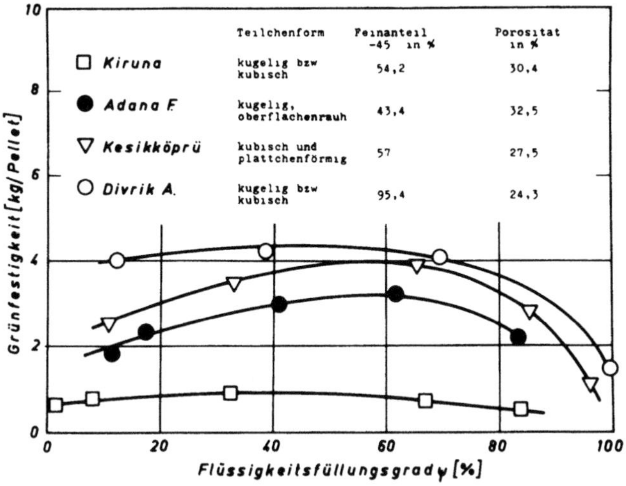

Abb. 7
Einfluß des Flüssigkeitsfüllungsgrades auf die Grünfestigkeit der Pellts aus Kiruna, Adana F., Kesikköprü und Divrik A.

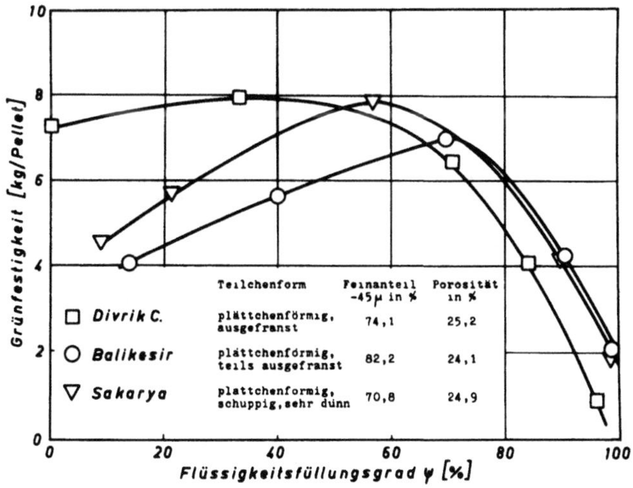

Abb. 8
Einfluß des Flüssigkeitsfüllungsgrades auf die Grünfestigkeit der Pellets aus Divrik C., Balikesir und Sakarya

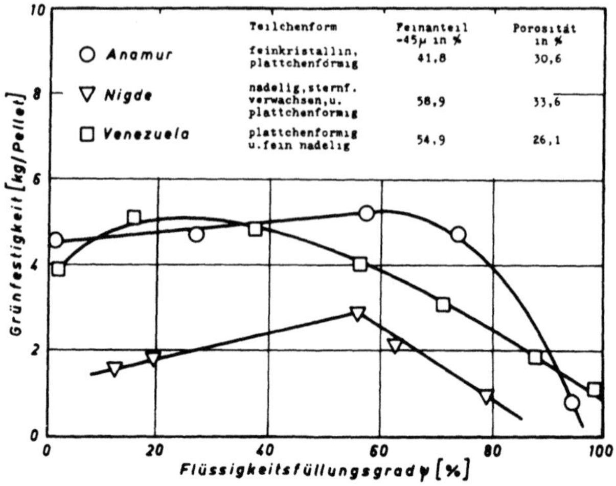

Abb. 9
Einfluß des Flüssigkeitsfüllungsgrades auf die Grünfestigkeit der Pellets aus Anamur, Nigde und Venezuela

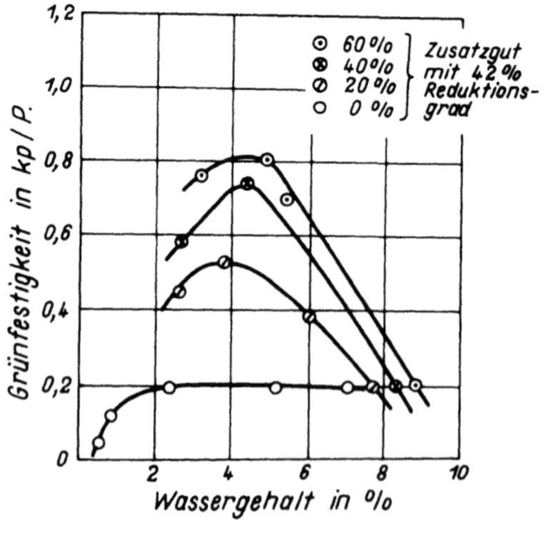

Abb. 1o
Einfluß von vorreduziertem Material bei erhöhten Trocknungstemperaturen (Sydvaranger-Fluidatbett)

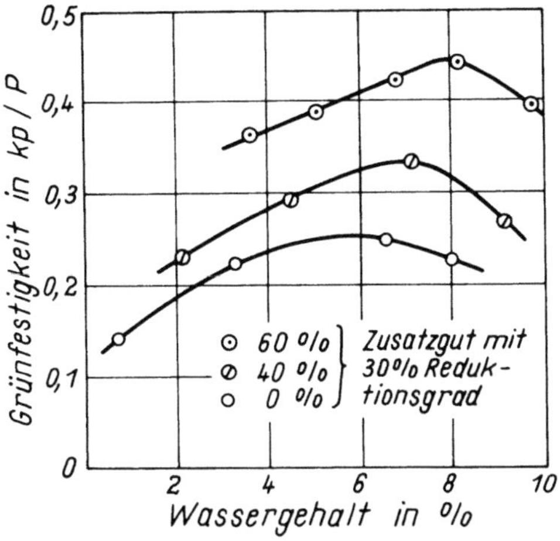

Abb. 11
Einfluß von vorreduziertem Material bei erhöhten Trocknungstemperaturen (Grängesberg)

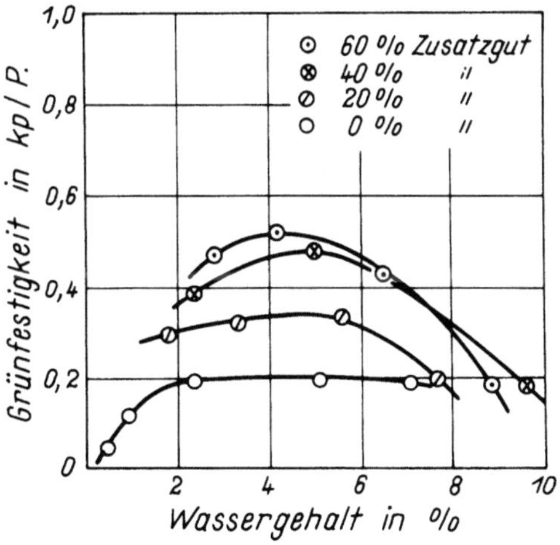

Abb. 12
Einfluß von vorreduziertem Material bei erhöhten Austrocknungstemperaturen. (Sydvaranger-Drehrohrofen)

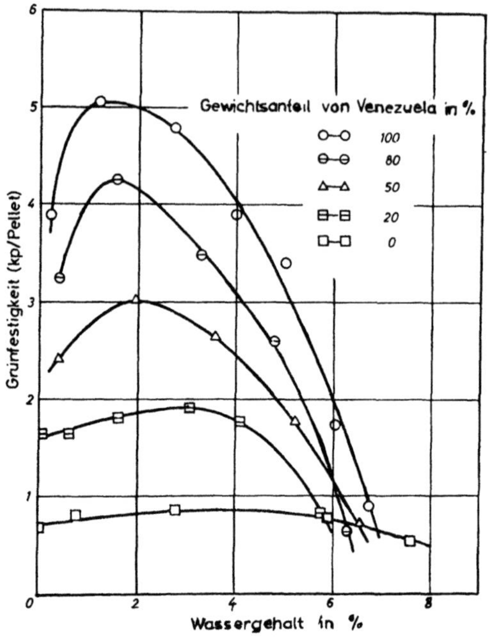

Abb. 13
Mischerzpellets mit unterschiedlichen Anteilen von Kiruna und Venezuela

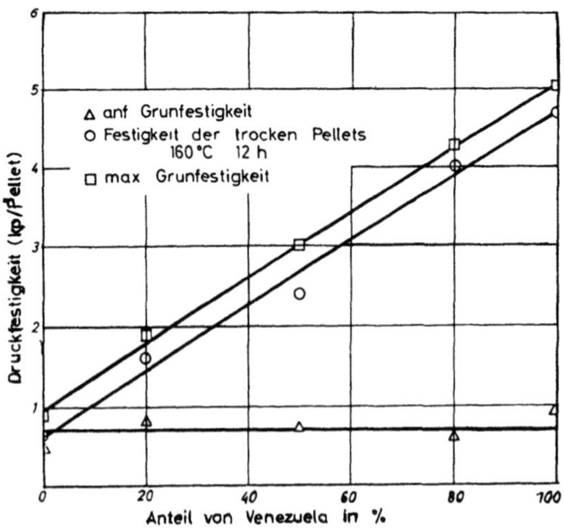

Abb. 14
Einfluß des Venezuelaanteils auf die Festigkeit von Mischerzpellets aus Kiruna und Venezuela

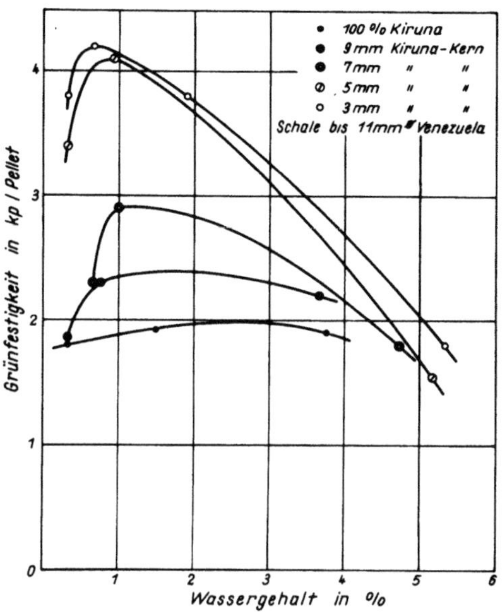

Abb. 15
Schalenpellets mit Venezuela-Schalen

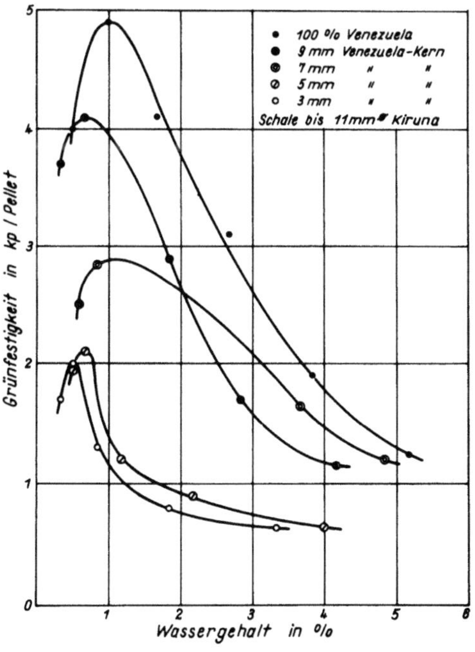

Abb. 16
Schalenpellets mit Kiruna-Schalen

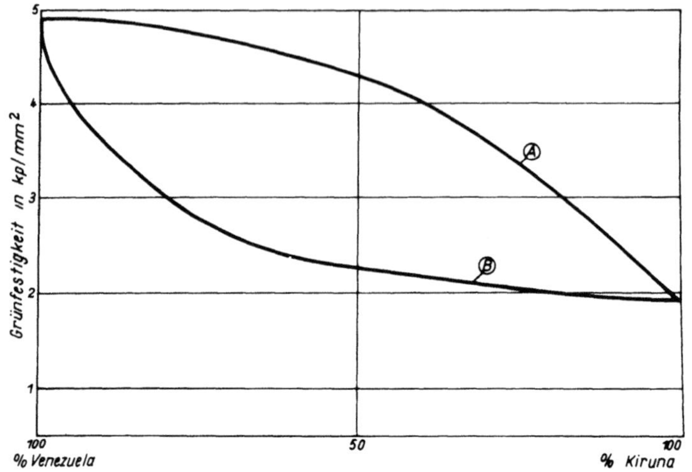

Abb. 17
Gegenüberstellung der Schalen-Pellets mit maximaler Festigkeit
A) Venezuela-Schalen
B) Kiruna-Schalen

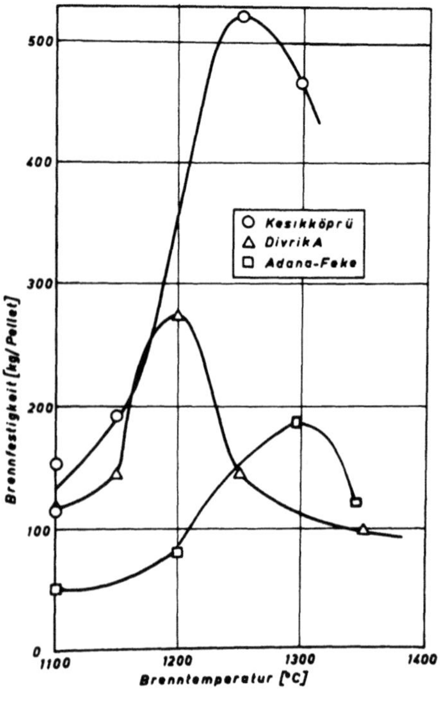

Abb. 18
Einfluß der Brenntemperatur auf Pellets aus Kesikköprü, Divrik A. und Adana F.

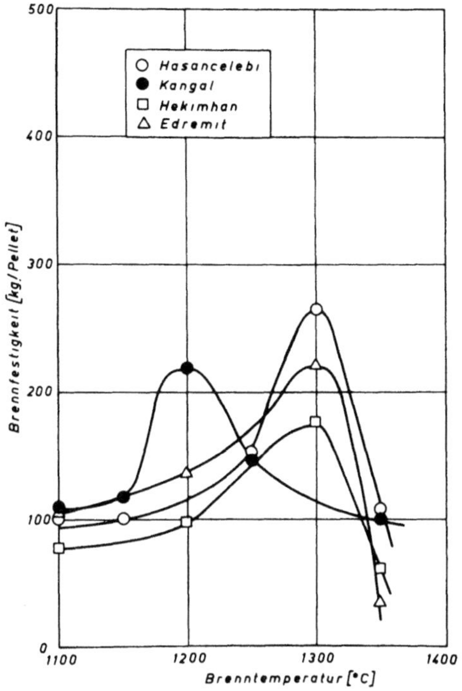

Abb. 19
Einfluß der Brenntemperatur auf Pellets aus Hasancelebi, Kangal, Hekimhan und Edremit

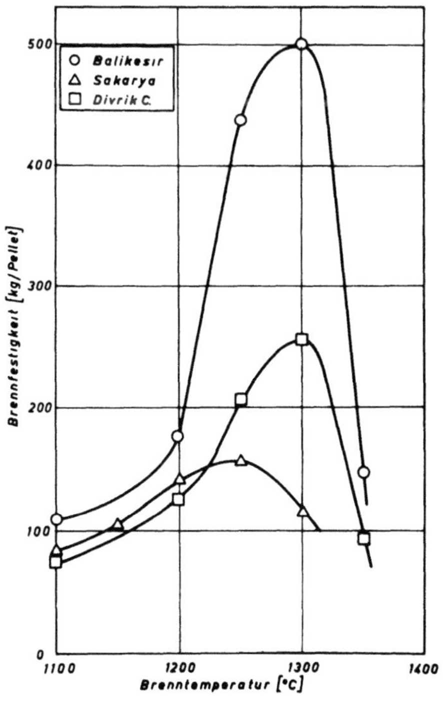

Abb. 2o
Einfluß der Brenntemperatur auf Pellets aus Balikesir, Sakarya und Divrik D.

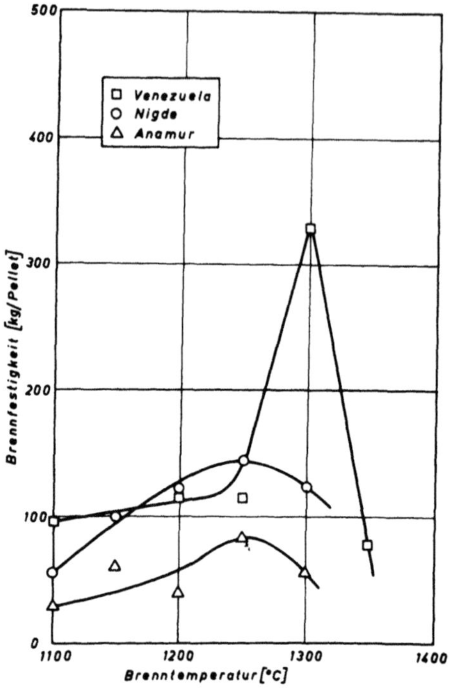

Abb. 21
Einfluß der Brenntemperatur auf Pellets aus Venezuela, Nigde und Anamur

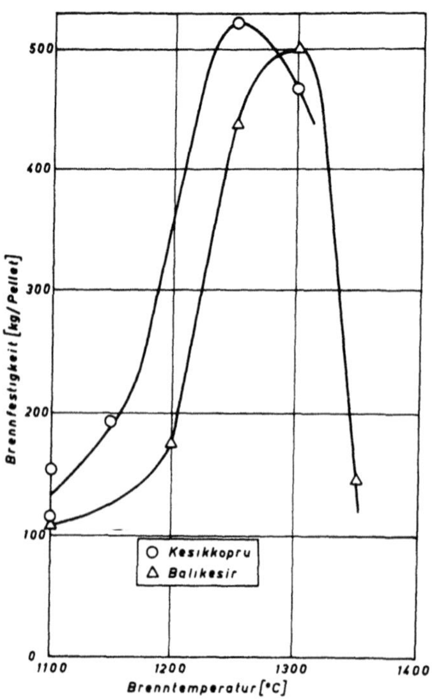

Abb. 22
Gegenüberstellung der Festigkeitskurven von Kesikköprü und Balikesir

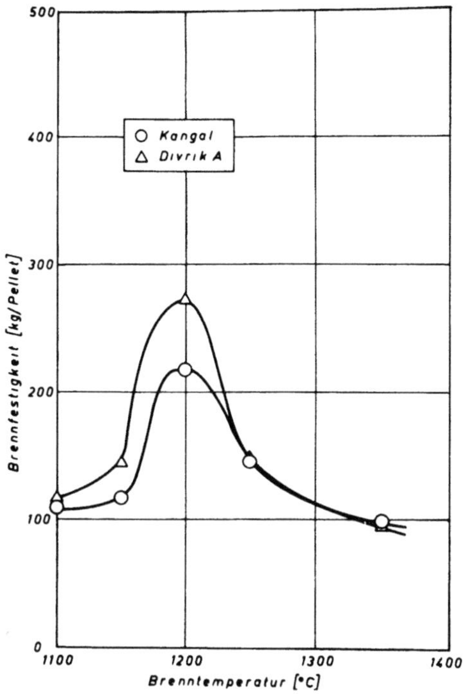

Abb. 23
Gegenüberstellung der Festigkeitskurven von Kangal und Divrik

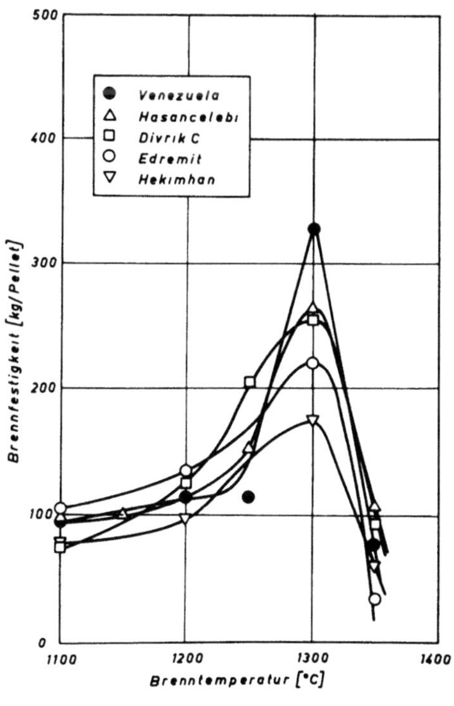

Abb. 24
Gegenüberstellung der Festigkeitskurven von Venezuela, Hasancelebi, Divrik C., Edremit und Hekimhan

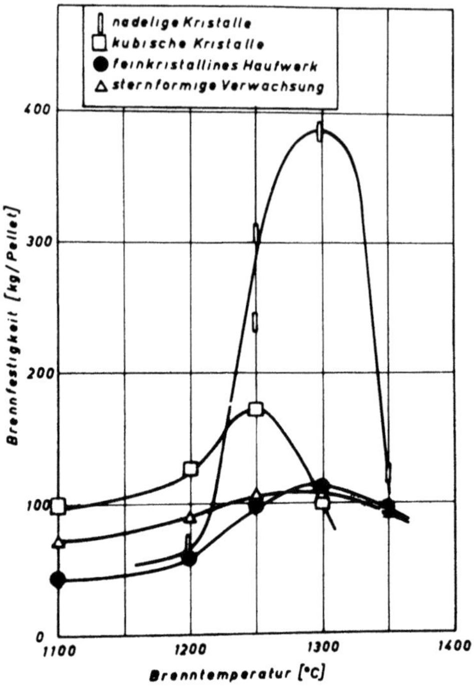

Abb. 25
Einfluß der Brenntemperatur auf die Festigkeit von Pellets aus synthetischen Eisenoxyden

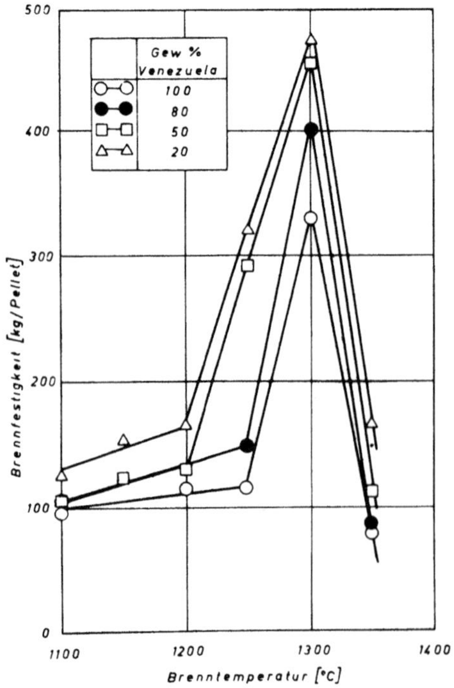

Abb. 26
Einfluß der Brenntemperatur auf Mischerzpellets aus Kiruna und Venezuela

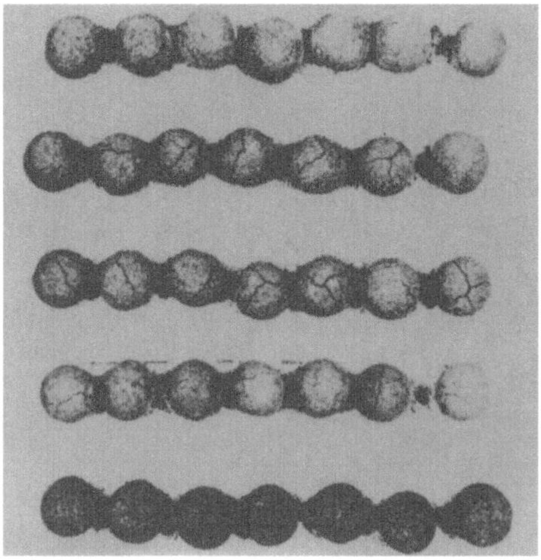

Abb. 27
Schalenpellets mit Venezuela als Kern und Kiruna als Schale Brenntemperatur: 1100° C.
Von oben nach unten:
1. Pellets: 100 % Venezuela
2. Sch.Pellets mit 9 mm Kern
3. Sch. Pellets mit 7 mm Kern
4. Sch. Pellets mit 5 mm Kern
5. Sch. Pellets mit 3 mm Kern

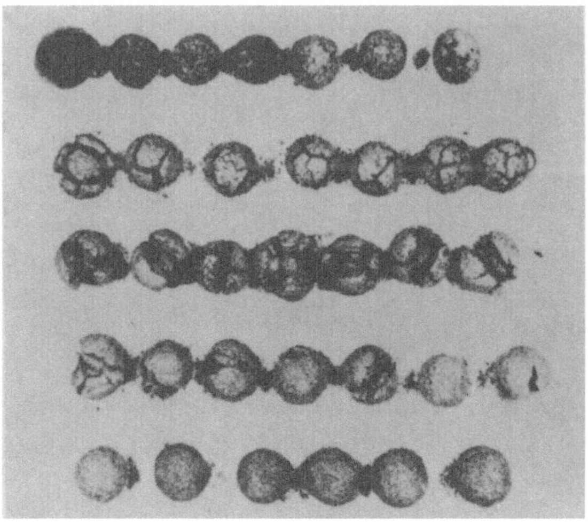

Abb. 28
Schalenpellets mit Venezuela als Kern und Kiruna als Schale

Brenntemperatur 1200° C
Schalendicke wie in Abb. 27

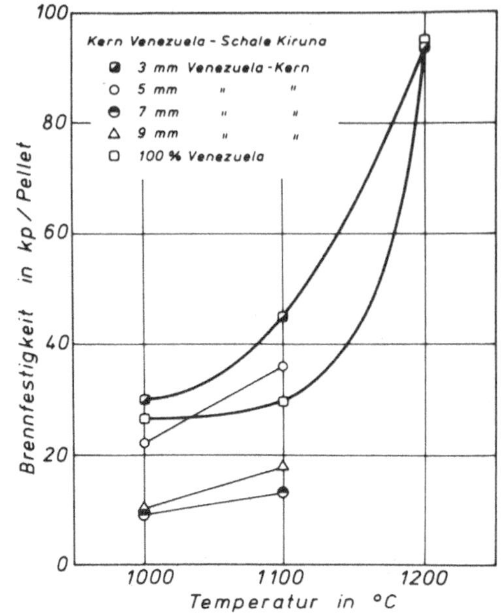

Abb. 29
Festigkeitsverhalten von Schalenpellets mit Kiruna Schalenmaterial in Abhängigkeit von der Brenntemperatur

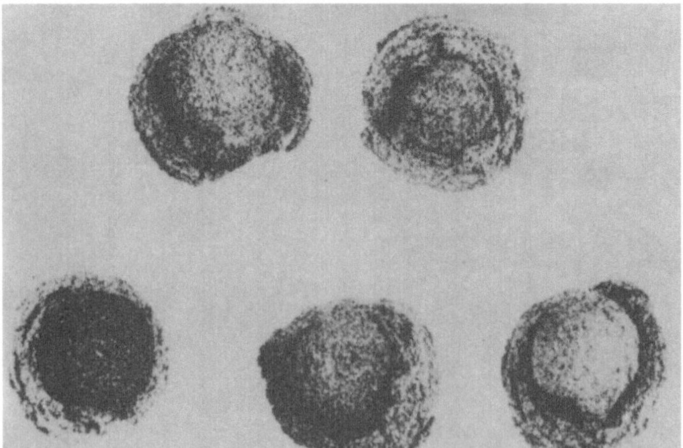

Abb. 3o
Schalenpellets mit Kiruna-Kern und Venezuela Schale.

Brenntemperatur: 12oo° C.

Obere Reihe:
1oo % Kiruna, 3 mm Kern,

untere Reihe:
5 mm Kern, 9 mm Kern, 7 mm Kern

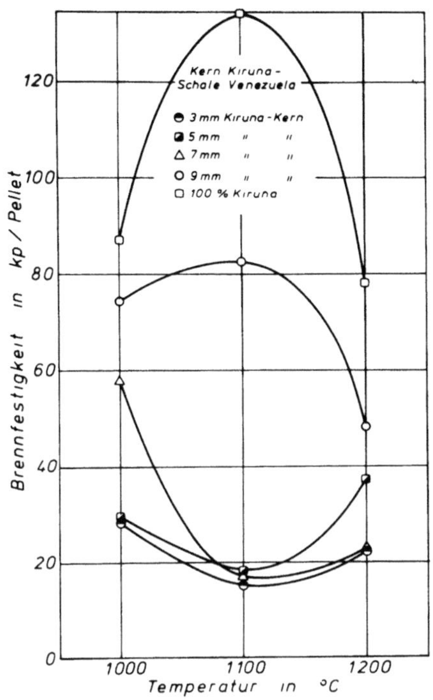

<u>**Abb. 31.**</u>
Festigkeitsverhalten von Schalenpellets mit Venezuela Schalenmaterial in Abhängigkeit von der Brenntemperatur

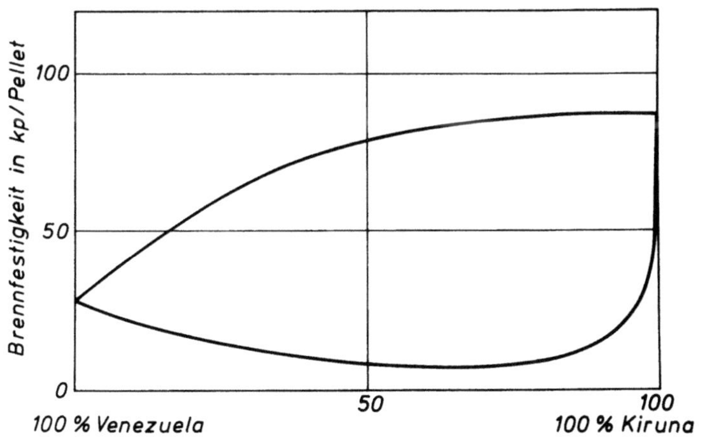

<u>**Abb. 32**</u>
Zweikomponenten-System Kiruna-Venezuela bezogen auf die maximale Brennfestigkeit bei 1ooo° C

A: Kiruna-Kern und Schale Venezuela

B: Venezuela-Kern und Schale Kiruna

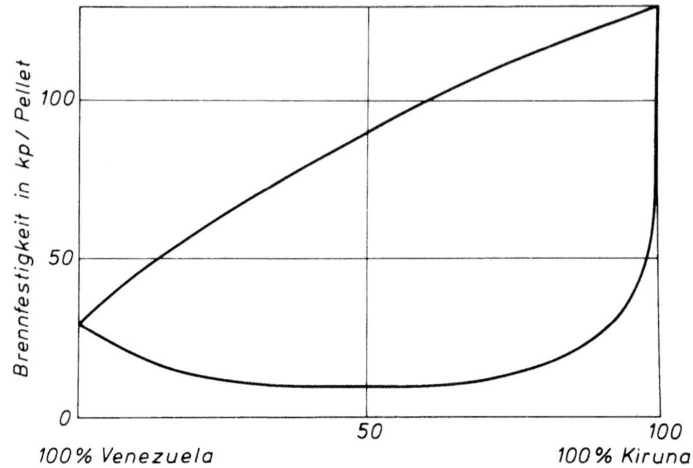

Abb. 33
Zweikomponenten-System
wie Abb. 32
Brenntemperatur 1100° C

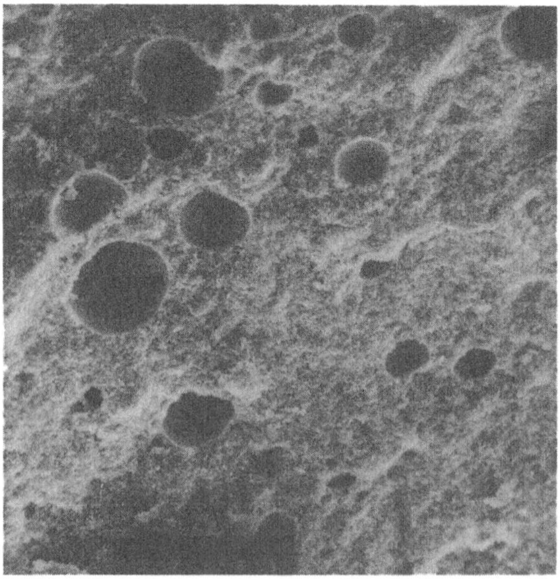

Abb. 34
Agglomerat aus nadelförmigem Eisenoxyd hergestellt, getrocknet bei erhöhten Temperaturen

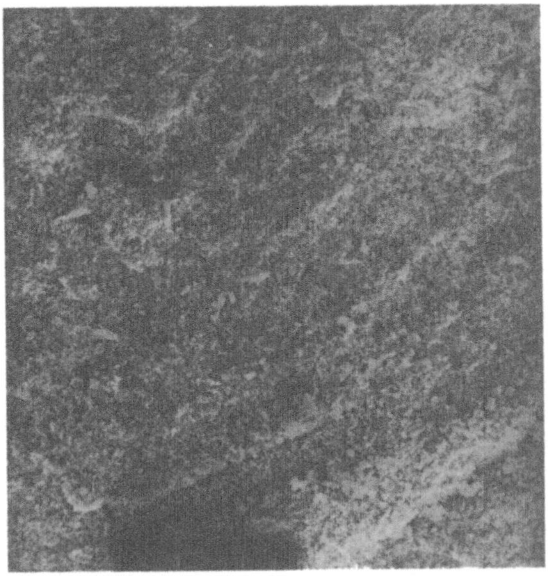

Abb. 35
Agglomerat aus sternförmigem Eisenoxyd hergestellt, bei Raumtemperatur getrocknet.

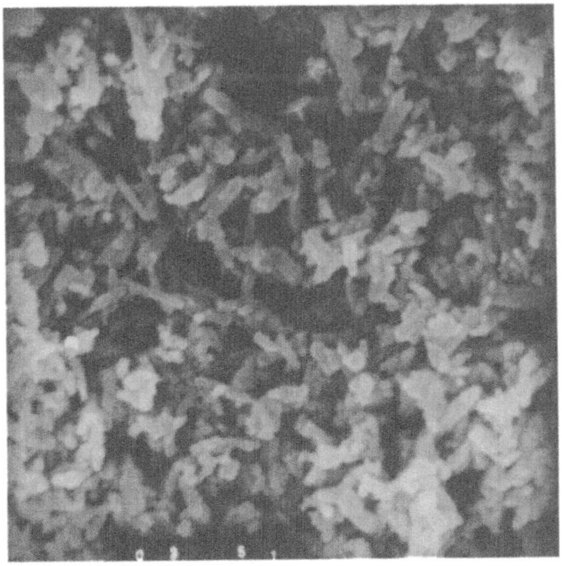

Abb. 36
Unpelletiertes Material nadeliges Eisenoxyd

Abb. 37
unpelletiertes Material
kugeliges Eisenoxyd

Abb. 38
unpelletiertes Material
feinkristallines Haufwerk

Abb. 39
unpelletiertes Material
kugeliges Eisenoxyd
mit sternförmigen
Zw illingen

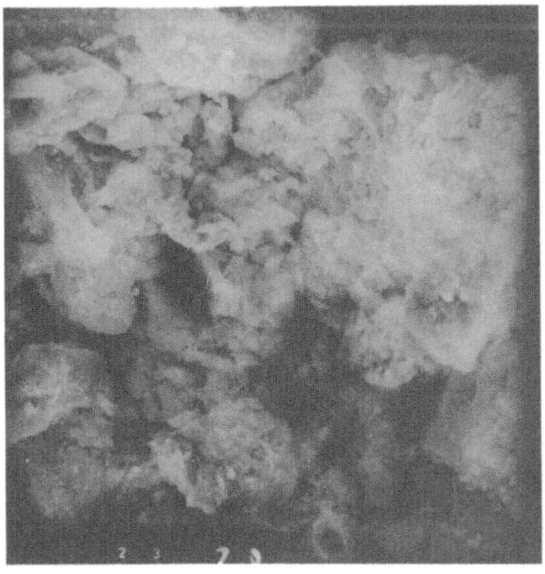

Abb. 4o
unpelletiertes Venezuela-Erz

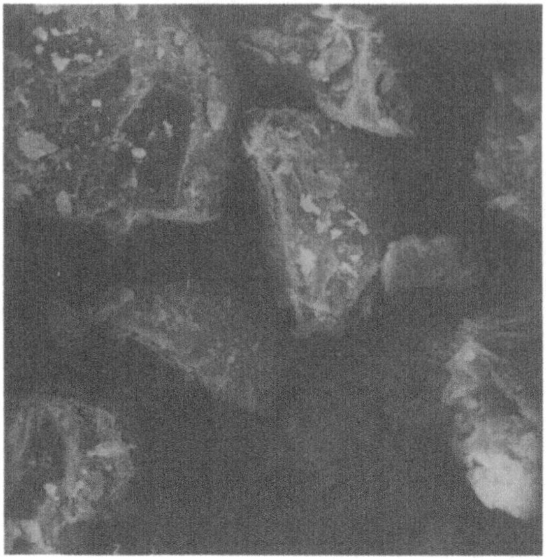

Abb. 41
unpelletiertes Kirunaerz

Abb. 42
unpelletiertes Divrikerz

<u>Abb. 43</u>
unpelletiertes Kesiköprüerz

L i t e r a t u r

1.) a) Stahl und Eisen 90 (197o) Nr. 7 S. 369
b) Stahl und Eisen 82 (1962) Nr. 7 S. 411
c) Stahl und Eisen 82 (1962) Nr. 8 S. 496
d) Stahl und Eisen 90 (197o) Nr. 7 S. 37o

2.) Wenzel W. und H.W. Gudernau: Klepzig-Fachberichte 75 (196o) H. 1o S. 593/598

3.) Meyer, K.: Vortrag Hüttenmännisches Kolloquium 197o, TH. Aachen, nach japanischen Daten

4.) Wenzel, W., H.W. Gudenau und J. Moeljonc: Klepzig-Fachberichte, Nov. 1971

5.) Firth, C.V.: Proc. Aime Blast Furnace 4. 46 (1944), S. 46/69

6.) Tarjan, C.: Aufbereitungstechnik 1. (1966), S. 28/32

7.) Pietsch, W.: Aufbereitungstechnik 1 (1966) S. 28/32

8.) Papadakis, M. und J.P. Bombled: Revue des Materiaux de Construction 549 (1961), S. 289/299

9.) Gründer, W. und H. Hildenbrand: Chemie-Ing.-Techn. 33 (1963) Nr. 1, S. 749/753

1o.) Tigerschiöld, M. und P.A. Ilmoni: Aime prepint, Blast Furnace, April (195o), S. 18/53

11.) Chochlov, D.G. und L.S. Besprozvannych: Stahl in Deutsch 4 (1964) Nr. 1o, S. 9o2/9o6

12.) Rumpf, H.: Agglomeration Intern. Symposium Philadelphia Pa. (1961), S. 379/418, Hag. W.A. Knepper New York und London 1961

13.) Rumpf, H.: Chemie-Ing.-Techn. 3o (1958) Nr. 3, S. 144/158

14.) Rumpf, H.: Staub 19 (1959) Nr. 5, S. 15o/16o

15.) Pietsch, W.: Aufbereitungstechnik Nr. 6 (1967), S. 297/3o8

16.) Batel, W.: Chemie-Ing.-Techn. 33 (1961) Nr. 8, S. 541/547

17.) Turba, E.: Diss. TH, Karlsruhe 1963

18.) Smith, N.D. und W.M. Mekewan: Proc. Blast. Furn. Metallurg petrol Engl. 21 (1962), S. 3/13

19.) Newitt, D.M. und I.M. Convay-Jones: Trans. Inst. Chem. Engrs. 36 (1958), S. 422/442

2o.) Ridgion, I.M., E. Cohen und C. Lang: J. Iron Steel Inst., Mai 1954, S. 43/61

21.) Rumpf, H. und E. Turba: Ber. d. Deutsch. Kernm. Ges. e.V. 41 (1964) Nr. 2, S. 78/84

22.) Ulrich, D.M. und Teu-Ming Han: Agglomeration April 12-14 (1961) S. 669/719

23.) Bhrandy, U.N., R.T. Johnson, T.L. Myron und E.A. Pelczarski: Aufbereitungstechnik 4 (1963), S. 199/2o6
24.) Kellerwessel, H.: Aufbereitungstechnik Nr. 8 (1966), S. 543/459
25.) Struve, C. v.: Chemie-Ing.-Techn. 36 (1964) Nr. 1o, S. 1o19/1o27
26.) Smith, N.D. und W.M. Mckewan: Proc. Blast. Furn. Metallurg petrol Engl. 21 (1962), S. 3/13
27.) Rumpf, H. und K.F. Ebert: Chemie-Ing.-Techn. 36 (1964), S. 523/537
28.) Send, A.: Stahl und Eisen 83 (1963) Nr.16, S. 972/978
29.) Izgiz, S.: Dissertation TH, Aachen 1969
3o.) Burchard, W., H.W. Gudenau und S. Izgiz: Archiv für Stahl und Eisen 43 (Mai 1972) Heft 5, S. 353/359
31.) Schenck, H., W. Wenzel und H.W. Gudenau: Forschungsbericht des Landes Nordrhein-Westfalen Nr. 2o86
32.) Wenzel, W. und H.W. Theisges: Klepzig Fachberichte 73 (1965) H. 1o S. 429-434
33.) Wenzel, W. und H.W. Theisges: Klepzig Fachberichte 74 (1966) Heft 4, S. 121-127
34.) Wenzel, W. und H.W. Theisges: Klepzig Fachberichte 74 (1966) H. 1o, S. 441-445
35.) Wenzel, W. und H.F. Seelig: Klepzig Fachberichte
36.) Wenzel, W., Gudenau, H.W. und R.W. Theiler: Süddeutsche Zeitung, Do. 5, November 197o, Nr. 265 S. 2
37.) Cap, M. und J. Cibulka: Freiberger Forsch. H. Reihe A, Nr. 195 (1961) S. 2o-25
38.) Dietrich, G.: Diss. TH. Aachen 1961
39.) Svensson, J.: Trans. SME March Vol 247 (197o) S. 26/31
4o.) Meyer, K.: Stahl und Eisen 76 (1956), S. 588-595
41.) Garbe, H. und G. Brandes: Stahl und Eisen 82 (1962), S. 1273 - 1276
42.) Meyer K. und H. Rausch: J. Metals Feb. 1958, S. 129-133
43.) Violetta: J. Metals Feb.1958, S. 118-12o
44.) Wendeborn, H.B.: Stahl und Eisen 71 (1951), S. 1212/1216
45.) Grethe, K.: Klepzig Fachberichte 69 (1961), S. 353 - 36o
46.) Meyer, K.: Stahl und Eisen 82 (1962), S. 147/54
47.) Gmelin-Durrer: Metallurgie des Eisens, Band 1a, S. 277-315
48.) Zeidler: Stahl und Eisen (19o5) 25 S. 321-28
49.) A. Graf: Stahl und Eisen (1935) 59 S. 981-988
5o.) L. v. Bogdandy: Stahl und Eisen (1957) 77 S. 685-93
51.) W. Petersen und Wawroscheck (Stahl und Eisen 77 (1957) S. 1427-35

52.) K. Grethe: Klepzig Fachb. (1961) 69 S. 353-61
53.) W. Petersen u. S. Wawroscheck/ Stahl und Eisen 79 (1959) 1334/1344
54.) W. Petersen und H. Mingenbach: Forschungsberichte des Landes Nordrhein-Westfalen Nr. 939 (1961)
55.) Send, A.: Stahl und Eisen 83 (1963) Nr.16, S. 972/978
56.) Knacke, C. und K. Pohl: Chemie-Ing.-Techn. 31 (1959), S. 5o/54
57.) Schwartz, G.M.: Iron-Ore Sinter, Trans. A.I.M.E. 1929 (84) S. 39/67
58.) Bragard, A., H. Bonnores, V. Leroy und H. Hancart: Untersuchung der Einflußgrößen auf die Sinterung zweier Hämatiterzen
Centre National de Recherches Metallurgiques Nr. 5 (1965), S.3/23
59.) Hay, R. und I. McLiod: Some Aspects of Sintering Iron Ores
Iron and Steel 17. Feb. (1944), S. 25o/253
6o.) Tigerschiöld, M.: Aspects on Pelletzizing of Orin Ore Concetrates
J. Iron Steel Inst. May 1954, S. 13/24
61.) Pochwissnew, A.N. und B.A. Ssaweliev: On the Mechanism of Hardening of Iron Ore Pellets
Stahl 18 (1958) Nr. 2, S. 1o5/1o9, Brutcher Translation 4161
62.) Ridgion, I.M., E. Cohen und C. Lang: The Development of a Pelletizing Process for Fine Iron Ores J. Iron Steel Inst., May 1954, S. 43/61
63.) Cooke, S.R.B. und F. Stowasser: "The Effect of Heat Treatment and Certain Additives on the Strength of Fired Magnetite Pellets" Trans. Aime Mining Engeneering Dec. 1952, S. 1223/3o
64.) Joseph., I.L.: "Pelletizing of Iren Ore Concentrates"
Blast Furn. Steel Plant Jun 1955, Teil I und II, S. 641/646 und 745/752
65.) v. Struve, G.: "Grundlegende Betrachtung über das Pelletisieren"
Chemie Ing. Techn. 36 (1964) Nr. 1o, S. 1o19/27
66.) Kunii, K., R. Nishida und Y. Kamada:
"Effect of induvation conditions on the quality of various iren ore pellets"
Tetsu to Hagane Overseas 5. Sep. 1965, S. 216/3o

67.) Urich, D.M. und Tsu-Ming Han: "A Progress Report on the Effect of Grind, Temperature and Pellet Size upon the Quality of Specular Hematite Pellets"
Agglomeration April 12-14 (1961), S. 667/719

68.) Davison, I., R.E. Thompson und W. Welch: "Pelletizing relatively coarse iron-ores"
J. Iron Steel Inst. (2o4) 1966, S. 443/451

69.) Innes, I.A.: "Metallized Pellets from Ore-Coke Mixtures"
J. Metals 15 (1963) Nr. 4, S. 294/97

7o.) Miller, W.I., L.I. Leontew und W.A. Utkow: "Herstellung von metallisierten Pellets aus feingemahlenen Konzentraten"
Stahl in Deutsch 1961 HG., S. 534/37

71.) Meyer, K.: "Entwicklung der Pelletierung von Eisenerzen und Herstellung von Mischerzpellets"
Stahl u. Eisen 83 (1963) H. 22, S. 1337/45

72.) v. Bogdandy, L. und R. Schmolke: "Herstellen von Feinstagglomeraten und Verhalten im Hochofen"
Stahl u. Eisen (1957) 77 Nr. 11, S. 685/693

73.) Bojarski, Z., E. Barszcz und S. Zielinski: "Structure and Properties of Siderite Concentrate Pellets"
J. Iron Steel Inst. Aug. 1965, S. 792/97

74.) Nakamura, N. und Y. Sato: "Studies of Sintering Mechanism of Iron Ore Pellets"
Tetsu to Hagane 43 Nr. 6 (1957), S. 619/23 (eigene Übersetzung)

75.) v. Struve, G.: "Zur Frage der Pelletisierung von Eisenerzen und anderen eisenhaltigen Rohstoffen"
Freiberger Forschungshefte 1958 B 25, S. 38/52

76.) Chochlov, D.G.: "Einfluß verschiedener Flußmittelzugaben auf den Schwefelabbrand beim Rösten selbstgängiger Eisenerzpellets"
Stahl in Deutsch H. 2 (1965), S. 122/124

77.) Goldstick, T.K.: "A Survey of the Literature Pertinent to Iron Ore Pelletizing"
Agglomeration 1962 Kap. 36, S. 1o67/11o9

78.) Wendeborn, H.B.: Stahl und Eisen 71 (1951) S. 1212-8

79.) Danielson, C.: J. Iron Inst. 175 (1953) 152-154

8o.) Basse, W.: Koppers Mitt. 4 (1961) 133-46

81.) Tigerschiöld, M. und P.A. Ilmoni: "Fundamental Vactors Influencin the Strength of Green and Burned Pellets made from fine Magnetite-Ore concentrates".
Aime prepint, Blast Furnace April 195o, S. 18/53

82.) Cooke, S.R.B. und T.E. Ban: "Microstructure in Iron Ore Pellets"
Trans. Aime Mining Engineering Nov. 1952, S. 1o53/58

83.) Sengfelder, G.: "Neue Ergebnisse mit der Pelletisierung von Eisenerzen-Konzentraten"
Stahl und Eisen 72 (1952), Nr. 25, S. 1577/79

84.) Pellets ward Off re-oxidation
Iron age 196 Dec. 9 (1965) S. 96/97

85.) Stahleisenkalender 1967, S. 169

86.) Dwight Lloyd Me Wahe: Sinter Reduktionsband

87.) Pochvisnew, A.N., W.S. Abramow, N.J. Krasawzew und N.K. Leonidow: "Der Hochofenbetrieb" 1954 Berlin, S. 156-159

88.) E. Cohen: J. Iron Inst. 175 (1953) S. 16o-166

89.) Gmelin, J. und R. Durrer: "Pelletisieren"
Metallurgie des Eisens, S. 5o4a - 56oa und 16ob - 172 b

9o.) Banks, G.M., R.A. Campell und G.E. Viens: "Iron Ore Pelletizing"
The Canadian Mining and Metallurgical December 1962, S. 853/858

91.) Darken, L.S. und R.W. Curry: "The System Iron Oxygen"
I. Amer. chem. Soc. 63 (1964), S. 799 und 8o6

92.) Tamman, G.:"Lehrbuch der Metallorgraphie"
Verlag L. Voß Leipzig, 3. Auflage (1923), S. 98/118

93.) Hauffe, K.: "Über den Mechanismus der Spinellbildung Reaktionen in und an festen Körpern"
Springer Verlag (1955), S. 583

94.) Kieffer, R. und W. Hotop: "Sintereisen und Sinterstahl"
Springer Verlag Wien (1948), S. 157

95.) Schwarzkopf, P.: "Powder Metallurgy"
The Macmillan Company (1947), S. 28o/281 und S. 359, 3o2

96.) Hüttig, G.F.: "Die theoretischen Grundlagen der Frittungsvorgänge innerhalb von Pulvern"
Arch. Metallkunde 2 (1948), S. 93

97.) Hedvall, J.A.: "Einführung in die Festkörperchemie"
Verlag Vieweg Braunschweig (1952), S. 241/244

98.) Kuscinski, G.C.: "Measurement of Self-Diffusion of Silver without Radioactive Tracers"
J. Appl. Phys. 21 (195o), S. 632/635

99.) Kuscinski, G.C.: "The Mechanismus of Densification Durein Sintering of Metallie Particles"
Acta Met. 4 (1956), S. 58

1oo.) Kuscinski, G.C.: "Study of Sintering of Glas"
J. Appl. Phys. 2o (1949), S. 116o

1o1.) G. Bjorling: Techn. Tidskr. 91 (Nr. 2) (1961), S. 21-26

1o2.) Alexander, B.H. und R.W. Baluffi: "The Mechanismen of Sintering Copper"
Acta Met. (1957), S. 666/677

1o3.) Alexander, B.H. und R.W. Baluffi: "Experiments of the Mechanism of Sintering"
J. Metals Okt. (195o), S. 1219

1o4.) Herring, C.: "Effect of Change of Scale of Sintering Phenomena"
J. Appl. Phys. (195o) 21, S. 3o1/3o3

1o5.) Krischer, O.: Die wissenschaftlichen Grundlagen der Trocknungstechnik, Springer-Verlag Berlin, Göttingen, Heidelberg 1963

1o6.) Adolphi, G.: Lehrbuch der chemischen Verfahrenstechnik Leipzig 1967, S. 2o1/2o2

1o7.) Zagar, L.: Silicates industriels 3o (1965) s. 487/494

1o8.) Rumpf, H. und W. Herrmann: Aufbereitungstechnik Nr. 3/197o, S. 121

1o9.) Knacke, C. und H. Pohl: Chemie-Ing.-Techn. 31 (1959), S. 5o/54

11o.) Lykow, A.W.: Transporterscheinungen in kapillarporösen Körpern
Akademie Verlag (1958)

111.) Niemann, G.: Naschinemelemente 1. Band, Springer-Verlag Berlin, Göttingen, Heidelberg 1963

Forschungsberichte des Landes Nordrhein-Westfalen

Herausgegeben im Auftrage des Ministerpräsidenten Heinz Kühn
vom Minister für Wissenschaft und Forschung Johannes Rau

Sachgruppenverzeichnis

Acetylen · Schweißtechnik
Acetylene · Welding gracitice
Acétylène · Technique du soudage
Acetileno · Técnica de la soldadura
Ацетилен и техника сварки

Arbeitswissenschaft
Labor science
Science du travail
Trabajo científico
Вопросы трудового процесса

Bau · Steine · Erden
Constructure · Construction material · Soilresearch
Construction · Matériaux de construction · Recherche souterraine
La construcción · Materiales de construcción · Reconocimiento del suelo
Строительство и строительные материалы

Bergbau
Mining
Exploitation des mines
Minería
Горное дело

Biologie
Biology
Biologie
Biologia
Биология

Chemie
Chemistry
Chimie
Quimica
Химия

Druck · Farbe · Papier · Photographie
Printing · Color · Paper · Photography
Imprimerie · Couleur · Papier · Photographie
Artes gráficas · Color · Papel · Fotografía
Типография · Краски · Бумага · Фотография

Eisenverarbeitende Industrie
Metal working industry
Industrie du fer
Industria del hierro
Металлообработывающая промышленность

Elektrotechnik · Optik
Electrotechnology · Optics
Electrotechnique · Optique
Electrotécnica · Optica
Электротехника и оптика

Energiewirtschaft
Power economy
Energie
Energía
Энергетическое хозяйство

Fahrzeugbau · Gasmotoren
Vehicle construction · Engines
Construction de véhicules · Moteurs
Construcción de vehículos · Motores
Производство транспортных средств

Fertigung
Fabrication
Fabrication
Fabricación
Производство

Funktechnik · Astronomie
Radio engineering · Astronomy
Radiotechnique · Astronomie
Radiotécnica · Astronomía
Радиотехника и астрономия

Gaswirtschaft

Gas economy
Gaz
Gas
Газовое хозяйство

Holzbearbeitung

Wood working
Travail du bois
Trabajo de la madera
Деревообработка

Hüttenwesen · Werkstoffkunde

Metallurgy · Materials research
Métallurgie · Matériaux
Metalurgia · Materiales
Металлургия и материаловедение

Kunststoffe

Plastics
Plastiques
Plásticos
Пластмассы

Luftfahrt · Flugwissenschaft

Aeronautics · Aviation
Aéronautique · Aviation
Aeronáutica · Aviación
Авиация

Luftreinhaltung

Air-cleaning
Purification de l'air
Purificación del aire
Очищение воздуха

Maschinenbau

Machinery
Construction mécanique
Construcción de máquinas
Машиностроительство

Mathematik

Mathematics
Mathématiques
Matemáticas
Математика

Medizin · Pharmakologie

Medicine · Pharmacology
Médecine · Pharmacologie
Medicina · Farmacologia
Медицина и фармакология

NE-Metalle

Non-ferrous metal
Metal non ferreux
Metal no ferroso
Цветные металлы

Physik

Physics
Physique
Física
Физика

Rationalisierung

Rationalizing
Rationalisation
Racionalización
Рационализация

Schall · Ultraschall

Sound · Ultrasonics
Son · Ultra-son
Sonido · Ultrasónico
Звук и ультразвук

Schiffahrt

Navigation
Navigation
Navegación
Судоходство

Textilforschung

Textile research
Textiles
Textil
Вопросы текстильной промышленности

Turbinen

Turbines
Turbines
Turbinas
Турбины

Verkehr

Traffic
Trafic
Tráfico
Транспорт

Wirtschaftswissenschaften

Political economy
Economie politique
Ciencias economicas
Экономические науки

Einzelverzeichnis der Sachgruppen bitte anfordern

Springer Fachmedien Wiesbaden GmbH

GPSR Compliance

The European Union's (EU) General Product Safety Regulation (GPSR) is a set of rules that requires consumer products to be safe and our obligations to ensure this.

If you have any concerns about our products, you can contact us on ProductSafety@springernature.com

In case Publisher is established outside the EU, the EU authorized representative is:

Springer Nature Customer Service Center GmbH
Europaplatz 3
69115 Heidelberg, Germany

Batch number: 10584556

Printed by Printforce, the Netherlands